ROBUST RINDER

Highland Cattle & Galloway
Geschichte – Haltung – Zucht

Friedrich Hardegg
Wolfgang Müller

Inhaltsverzeichnis

Einführung 5

Das Hochlandrind – „Highland Cattle" .. 10
Geschichte und Verbreitung 12
   Das Hochlandrind in Österreich 14
Rassebeschreibung 15
Erbmerkmale 15
   Erscheinungsbild 17
   Eigenschaften und Wesen 20
Ökologische Bedeutung 22
   Extensive Kreislaufwirtschaft
   durch Beweidung 22
   Rinder für den Biobetrieb 25
Hochlandrinder halten 26
   Naturnah oder natürlich? 28
   Braucht das Hochlandrind einen Stall? . 30
   Futterstelle und Fressplätze 33
   Tränke 36
   Gesamtanlage 37
   Fütterung 38
   Weide und Weidezaun 43
   Düngung und Pflege des Grünlandes . 45
   Alpung 46
   Organisation und Handhabung
   der Herde 46
   Fruchtbarkeit und Brunst 48
   Abkalbung 48
   Tiergesundheit 51
Überlegungen zur Wirtschaftlichkeit 54
   Produktionsmengen 55
   Zuchtvieh, Nutzvieh, Schlachtvieh 56

Die Kunst des extensiven
Wirtschaftens 57
Hochlandrinder züchten 58
   Zuchtziel 60
   Zuchtwertschätzung 62
   Fleischrinderzucht in Österreich 63
Produktion von Qualitätsfleisch 65
   Ertrag 67
   Fleischqualität 67
   HIGHLANDBEEF® 68
Verarbeitung und Vermarktung 69
   Fleischreifung 69
   Direktvermarktung 71
   Die Schlachtauswertung 72
   Weiterverarbeitung und
   Sortimentserweiterung 72
Das Hochlandrind in Deutschland 74
Das Hochlandrind in der Schweiz 76

Das Galloway 78
Geschichte und Verbreitung 80
Eigenschaften und Zucht 82
Das Galloway in Österreich 85
Das Galloway in Deutschland 86
Das Galloway in der Schweiz 87

Anhang 90
Glossar 90
Literatur 91
Internet 92

Einführung

Robustrinder sind naturbelassene, urtümliche, meist kleinrahmige Rinderrassen, die vom Menschen züchterisch nur wenig geformt wurden. Sie zeichnen sich durch Vitalität, Gesundheit, Genügsamkeit, Unempfindlichkeit, Anpassungsfähigkeit, starke Herdenbindung und Fruchtbarkeit aus. Fleisch-, Milch- oder Arbeitsleistung treten gegenüber diesen „Leistungen" deutlich in den Hintergrund. Robustrinderrassen sind vor allem das Ergebnis der natürlichen Auslese. Keinesfalls gerecht wird den Robustrindern jedoch der abwertende Begriff „Primitivrassen". Als komplexe Lebewesen können Rinder wohl urtümlich und robust, niemals aber primitiv sein. Nach ihrer wirtschaftlichen Bedeutung gereiht, zählen in Europa das Hochlandrind, das Galloway, das Welsh Black, das Luing und regional der Wasserbüffel zu dieser Gruppe. Zu erwähnen ist auch das vom Aussterben bedrohte ungarische Steppenrind. Es ist großrahmig und steht dem Ur genetisch sehr nahe. In Asien und Afrika gibt es noch eine Vielzahl von Robustrinderrassen wie zum Beispiel den Wasserbüffel, den Yak, das Zebu oder das Watussi. Noch existierende, nicht domestizierte Wildrindformen oder Rückzüchtungen, wie Wisent, Bison und Heckrind, zählen nicht zu den Robustrindern. Eine exakte Abgrenzung zwischen Robustrindern und anderen Rinderrassen ist schwierig, da oft auch Landrassen wie zum Beispiel das Dexter-Kerry oder mittelintensive Rassen fälschlich als Robustrinder bezeichnet werden.

Ein typischer Hochlandstier: „Panther vom Patzenhof"

Europäische Robustrinder sind nach der herkömmlichen Klassifizierung meist als Einnutzungs-, höchstens Zweinutzungsrassen eingeordnet. Der asiatische Yak *(Bos grunniens)* und der in Europa, Asien und Afrika heimische Wasserbüffel *(Bubalus bubalis)* gelten als Drei- oder sogar Mehrnutzungsrassen. So liefert zum Beispiel der Yak Milch, Fleisch, Wolle, Arbeitsleistung und darüber hinaus auch noch Dünger, der auch als Brennstoff Verwendung findet.

Bei den europäischen Robustrindern stand früher die Fleischnutzung im Vordergrund. Neuerdings sind sie aber zumindest als Zweinutzungsrassen zu bezeichnen, nämlich für Landschaftspflege und Qualitätsfleischerzeugung. Wenn auch heute die Milchgewinnung keine Rolle mehr spielt, ist eine ausreichende Milchleistung der Mutterkuh für die Versorgung und die gute Entwicklung des Kalbes von größter Bedeutung.

Das Hochlandrind und das Galloway sind in erster Linie landwirtschaftliche Nutztiere. Daneben können sie aber auch den als Hobbyzüchter oder -halter auftretenden Natur- und Tierfreund durch ihr urtümliches Aussehen und ihr liebenswertes Naturell erfreuen und diesem damit in ideeller Weise nützlich sein. Sowohl das Hochlandrind als auch das Galloway sind zwar in erster Linie spezielle Fleischrinder und damit auf eine Nutzungsrichtung fixiert, trotzdem sind sie wegen ihrer Bedeutung als Landschaftspfleger als Zweinutzungsrassen zu bezeichnen. Sie können und sollen in der Fleischleistung nicht gegen spezialisierte Intensivrassen antreten.

Robustrinder sind meist Zweinutzungsrassen

Mutter und Tochter – preisgekrönt

Punkten können sie mit ihrer ganz besonderen Fleischqualität und – bei entsprechend sparsamer Haltung – auch mit geringen Erzeugungskosten. Zwar kann man hin und wieder beobachten, dass einzelne Züchter oder Halter Stiere als Reittiere verwenden, von Hochlandkühen Milch gewinnen oder Hochlandochsen vor einen Wagen spannen, doch ist dies keinesfalls die angestrebte Form der landwirtschaftlichen Nutzung des Hochlandrindes.

Das Hochlandrind und das Galloway sollen durchaus auch auf Zuchtausstellungen präsentiert werden, nur darf das Ausstellungswesen nicht zum Selbstzweck werden. Es geht dabei nicht um die Glorifizierung einzelner Spitzentiere, vielmehr dienen Ausstellungen dazu, einen Überblick über das allgemeine Niveau der Zucht zu geben. Obwohl natürlich gegen das Küren von Siegern im Prinzip nichts einzuwenden ist, sollte man im Kopf behalten, dass auch die Miss World nur die Schönste unter den anwesenden Schönen ist, und auch jeder Preisrichter – trotz objektiver Kriterien – seine individuellen Vorstellungen mit einbringt. Außerdem ist ein Siegerpokal nicht unbedingt als Nachweis für den besonderen Zuchtwert eines Tieres und seiner Nachkommenschaft anzusehen. Richter haben ihre eigenen Vorstellungen, aber sie stellen genaue Vergleiche an zwischen den Tieren, die sie zu beurteilen haben. Ihr Urteil ist endgültig und unwiderruflich und sollte ohne Widerspruch oder Jubel akzeptiert werden. Ein erfahrener Aussteller sagte einmal: „Wenn Du gewinnst, sage nichts, wenn Du verlierst, noch weniger."

Eigenschaften der wichtigsten Fleischrinderrassen

Rahmen	Rasse	Frühreife	Leichtkalbigkeit	Milchleistung	Mastleistung	Ausschlachtung	Verfettungsneigung	Fleischanteil	Marmorierung	Feinfasrigkeit
groß-rahmig	CH	O	-	O	++	++	-	++	O	-
	BA	O	O	O	++	++	-	++	-	-
	FV	+	O	++	+	+	O	+	O	O
	GV	+	O	++	+	+	O	+	O	O
	PI	+	O	++	+	+	O	+	O	O
mittel-rahmig	DA	+	+	+	+	+	+	++	++	++
	LI	+	+	O	+	++	O	++	+	+
	AA	++	++	O	O	+	++	+	++	++
klein-rahmig	GA	O	++	O	-	O	+	O	+	++
	HL	-	++	-	-	-	-	-	+	++

++ = sehr hoch
+ = hoch
O = durchschnittlich
− = niedrig

AA = Aberdeen Angus
BA = Blond d Aquitain
CH = Charolais
DA = Deutsch Angus
FV = Fleckvieh
GA = Galloway
GV = Gelbvieh
HL = Highland
LI = Limousin
PI = Pinzgauer

(Quelle: Bundesministerium für Land- und Forstwirtschaft 1990)

Bis 2050 wird wegen der ungebremsten Geburtenexplosion in Schwellen- und Entwicklungsländern ein Anstieg der Weltbevölkerung auf unvorstellbare neun oder zehn Milliarden Menschen erwartet. Im Hinblick darauf verlangen diverse Organisationen und Studienautoren eine Steigerung der Lebensmittelproduktion innerhalb der nächsten 30 bis 35 Jahre um 50, 60 ja 70 %. Einerseits wird von nicht vorhandenen bzw. nicht verfügbaren Landreserven ausgegangen. Andererseits soll die „nachhaltige Intensivierung" alle diesbezüglichen Probleme lösen. Dieser Theorie folgend empfiehlt ein amerikanischer Agrarexperte sogar eine Verdoppelung der Intensität auf fruchtbaren, nicht erodierbaren Böden. Jedenfalls ist zu erwarten, dass die Lebensmittelproduktion vorzugsweise auf Standorten stattfinden wird, die von der Topografie, dem Boden und dem Klima her begünstigt sind. Extensivere Betriebszweige, wie die Rindfleischproduktion, werden mit Sicherheit auf ungünstigere Standorte ausweichen müssen, auf denen sich – zumindest aus heutiger Sicht – eine Bewirtschaftung nicht lohnt. Eine ökonomische Nutzung lässt sich auf solchen Standorten mit dafür besonders geeigneten extensiven Nutzpflanzen- und tieren bewerkstelligen. Robustrinder, wie Hochlandrinder und Galloway gehören sicher dazu.

Die Tabelle auf Seite 8 zeigt ganz deutlich, in welchem Nutzungsspektrum Hochlandrind und Galloway von ihrer Natur her angesiedelt sind. Die Darstellung differenziert auch zwischen den beiden Robustrassen und zwischen mittel- bzw. großrahmigen Fleischrinderrassen und macht in einfachster Form auf die wesentlichen Rassenunterschiede aufmerksam. Es handelt sich dabei um von der Natur vorgegebene Charakteristika, die vom Züchter zu akzeptieren sind.

Aufgrund der ähnlichen Eigenschaften von Hochlandrind und Galloway gelten viele Aussagen für beide Rassen gleichermaßen. In mancher Hinsicht bestehen aber doch gewisse Unterschiede, sodass man die beiden Robustrinderrassen nicht immer 1:1 vergleichen kann. Wenn Ersteres wegen seiner Herkunft aus den Highlands im Norden Schottlands und den vorgelagerten Inseln zu Recht Highland Cattle genannt wird, sollte man das Galloway eher als Lowland Cattle bezeichnen. Es stammt nämlich aus Galloway, dem im äußersten Südwesten Schottlands gelegenen Gebiet, das geografisch Lowlands heißt. Die Ausführungen in den folgenden Kapiteln zur ökologischen Bedeutung des Hochlandrindes, zu Haltungsfragen, zur Produktion von Qualitätsfleisch und die Verarbeitung und Vermarktung betreffend haben – mit einigen leichten Abweichungen – auch für das Galloway Gültigkeit.

Das Hochlandrind ist der ideale Landschaftspfleger

Das Hochlandrind, „Highland Cattle"

1 Geschichte und Verbreitung

Die Vorfahren des heutigen Hochlandrindes waren aller Wahrscheinlichkeit nach das Vieh der indoeuropäischen, vorkeltischen Urbevölkerung Vorderasiens und Europas. Nach neuen archäozoologischen Erkenntnissen stammen sämtliche europäischen Rinderrassen vom *Bos primigenius,* dem vorderasiatischen Urrind, ab. Der Ur, wie sein richtiger Name lautet, wird etwas irreführend auch als „Auerochse" bezeichnet. In der Fachliteratur wurde das Hochlandrind dem Exterieur (= Äußeren) nach als pseudoprimigen, von der Genetik her aber als brachycer bezeichnet. Diese Einordnung ist nicht mehr relevant, da das *Bos brachyceros* neuen wissenschaftlichen Erkenntnissen zufolge nämlich nie existierte.

Schon im Neolithikum gab es in Europa mindestens zwei weit verbreitete Landschläge: den balkanisch-donauländischen und den

Das Hochlandrind erinnert im Aussehen an das Urrind

westmediterran-alpinen Rinderschlag. Das Hochlandrind, das aus dem westmediterran-alpinen Zweig hervorgegangen sein dürfte, wurde mittelbar auch vom balkanisch-donauländischen Schlag beeinflusst. Seine Vorfahren kamen wahrscheinlich mit der ersten neolithischen Ausbreitungswelle vor mehr als 4.000 Jahren nach Britannien. Eine Domestikation im heutigen Schottland ist jedenfalls mit Sicherheit auszuschließen.

Die Vorfahren des Hochlandrindes stammen unbestreitbar vom eurasischen Kontinent und waren bereits domestiziert, als sie die britischen Inseln erreichten. Die Kelten, die erst zwischen 900 und 300 v. Chr. nach Britannien kamen, gelten nicht nur als rauf- und reiselustig sowie als geschickte Handwerker, sondern auch als gute Viehzüchter. Wahrscheinlich haben sie die in Britannien bei ihrer Ankunft bereits heimischen Rinder genutzt, vielleicht auch mit ihrem mitgebrachten Vieh gekreuzt, und so zur Entwicklung des späteren Hochlandrindes beigetragen. Damit endet jedoch auch der Einfluss der Kelten. In vielen Rassebeschreibungen findet man die Behauptung, das Hochlandrind habe sich aus einem „keltischen Ochsen" entwickelt. Das ist, wie bereits dargelegt, unrichtig und außerdem unmöglich, da sich Ochsen bekanntlich nicht fortzupflanzen pflegen. Es ist daher nicht angebracht, das Hochlandrind mit dem Adjektiv „schottisch" zu versehen oder es als „Keltenrind" zu bezeichnen.

In der Abgeschiedenheit des schottischen Hochlandes und der westlich vorgelagerten Inseln, einem typischen Rückzugsgebiet, konnte sich im Laufe vieler Jahrhunderte aus dem neolithischen Ausgangsmaterial das Hochlandrind, wie wir es heute kennen, entwickeln. Die Vorfahren des Hochlandrindes mussten sich unter dem Druck der härtesten und effektivsten Zuchtmethode, der natürlichen Auslese, an die rauen, kargen und harten Bedingungen ihrer Zweitheimat anpassen. Da das Hochlandrind züchterisch nur mäßig bearbeitet wurde, behielt es bis heute weitgehend seine ursprünglichen Eigenschaften und Merkmale. Es wird daher zu Recht den Robustrinderrassen zugeordnet. Ursprünglich dürfte es eine Vielzahl stark unterschiedlicher Schläge des Hochlandrindes gegeben haben, die im Laufe der Zeit zu einer Rasse verschmolzen. So war zum Beispiel das Kyloe immer schwarz, klein und struppig. Ein anderer urtümlicher Schlag von gleichfalls schwarzen, aber etwas größeren Hochlandrindern soll nur jedes zweite Jahr gekalbt haben.

In geschichtlicher Zeit war unbestritten das schottische Hochland nebst den im Westen vorgelagerten Inseln die Heimat des Hochlandrindes. Es wird im deutschsprachigen Raum daher vielfach als „Schottisches Hochlandrind" bezeichnet, obwohl die wörtliche Übersetzung von Highland Cattle nur „Hochlandrind" oder „Hochlandvieh" lauten kann. Sogar die Schotten selbst nennen ihr „Nationalrind" wahrheitsgemäß Highland Cattle.

Seit 1885, also seit mehr als 120 Jahren, wird es im Herdebuch der Highland Cattle Society geführt. Durch diese langjährige züchterische Betreuung kam es zu einer gewissen Vereinheitlichung der Rasse. Trotzdem findet man auch heute noch neben kleinrahmigen und leichteren, auch großrahmigere, schwerere Schläge. Außerdem verfolgten und verfolgen – nicht nur in Schottland – einzelne Herdenbesitzer eigenständige, sehr spezifische und oft eigenwillige Zuchtprogramme. Es gibt Züchter, die ihr Zuchtziel auf eine einzige Farbe ausgerichtet haben. Dies führt zu einer inhomogenen, abwechslungsreichen Zuchtlandschaft. Bemerkenswert ist der Umstand, dass Hochlandstiere in Schottland schon seit etwa 120 Jahren gezielt und erfolgreich auf Gutmütigkeit selektiert werden.

Bis etwa zur Mitte des 20. Jahrhunderts hatte das Hochlandrind fast nur lokale Bedeutung. In den letzten 50 Jahren hat es sich von Schottland aus über weite Teile der Welt verbreitet. So gibt es Populationen und Züchterorganisationen in den USA, Kanada, Neuseeland, Australien, Südafrika, Deutschland, Österreich, der Schweiz, Frankreich, Italien, den Benelux-Staaten, Dänemark, Norwegen, Schweden, Finnland, neuerdings in Slowenien, Tschechien, Rumänien, Ungarn und Polen, und diese Aufzählung ist keinesfalls vollständig. Man kann geradezu von einem globalen Siegeszug des Hochlandrindes sprechen. Diese weite Verbreitung in Gebieten mit den unterschiedlichsten Klimaten und daher stark variierenden Lebens- und Haltungsbedingungen hat einen plausiblen Grund: die besonderen Eigenschaften des Hochlandrindes.

Das Hochlandrind in Österreich

In Österreich begann die Hochlandrinderzucht 1985 mit fünf, von einer steirischen Züchterin importierten, Exemplaren. Aus diesen bescheidenen Anfängen entwickelte sich bis September 2009 eine Population von 14.212 Stück. Das sind 0,70% des österreichischen Rinderbestandes. Das Hochlandrind steht in Österreich damit bei den speziellen Fleischrassen nach Limousin und Charolais an dritter Stelle.

Aus dem 1985 von fünf Proponenten gegründeten Verband der Züchter des Schottischen Hochlandrindes in Österreich, entstand wenig später durch Umgründung die Arbeitsgemeinschaft österreichischer Hochlandrinderzüchter, kurz ARGE Hochlandrind genannt. Heute zählt die ARGE Hochlandrind nahezu 400 Mitglieder. Die Ursachen für diese erfreuliche Entwicklung liegen einerseits darin, dass die österreichischen Hochlandrinderzüchter von Beginn an auf die Direktvermarktung setzten – seit 1988 unter der geschützten Marke HIGHLANDBEEF –, und diese Vermarktungsart konsequent bis heute weiterverfolgen. Andererseits wirkte es sich positiv aus, dass die ARGE Hochlandrind einen eigenständigen, von der Highland Cattle Society (HCS) unabhängigen Weg einschlug. Die österreichischen Hochlandrinderzüchter wurden nicht in das teure System der HCS, mit Führung der Zuchttiere im schottischen Herdebuch und Beurteilung und Klassifizierung der Rinder durch eingeflogene Fieldsmen der HCS, gezwungen. Diesbezügliche Bestrebungen konnten vom damaligen Vorstand der ARGE Hochlandrind erfolgreich verhindert werden. Das Konzept der ARGE Hochlandrind, die von Berufslandwirten dominiert wird, zielte von Beginn an darauf ab, bäuerlichen Betrieben, vor allem in Ungunstlagen, eine extensive Produktionsalternative zu bieten. Dabei sind alle unnötigen Erlösschmälerungen zu vermeiden und die erzielbare Wertschöpfung muss weitgehend beim produzierenden Bauern bleiben.

2. Rassebeschreibung

Die gegenständliche Rassebeschreibung bezieht sich auf den erwünschten Typ des originären Hochlandrindes in seiner unverfälschten Form.

Erbmerkmale

Das Erbbild oder der Genotyp eines Organismus repräsentiert seine exakte genetische Ausstattung, also den individuellen Satz von Genen, den er im Zellkern in sich trägt. Der Begriff Genotyp wurde 1909 vom dänischen Genetiker Wilhelm Johannsen geprägt.

Das Hochlandrind ist kleinrahmig, robust, anpassungs- und widerstandsfähig. Es kann daher in sehr unterschiedlichen Klimaten gehalten werden. Da es genügsam bis anspruchslos ist, eignet es sich sogar für die wirtschaftliche Nutzung von Grenzertragsböden und vermag auch bei karger Haltung Tageszunahmen von durchschnittlich 0,6 kg (männlich) und 0,5 kg (weiblich) zu erbringen. Bei Intensivhaltung können Tageszunahmen von 0,7–0,8 kg erzielt bzw. „erkauft" werden. Bei der Fleischleistungskontrolle werden die Tageszunahmen nach 200 und 365 Tagen ermittelt. Hochlandrinder kommen im Alter von durchschnittlich 30 Monaten zur Schlachtung. Die mit steigendem Lebensalter zunehmend flacher verlaufende Zuwachskurve zeigt zu einem späteren Schlachttermin – naturgemäß – geringere Tageszunahmen.

Hochlandrinder sind Muster der Genügsamkeit

Hochlandrinder fühlen sich auch bei Eis und Schnee im Freien wohl

Aktuelle Daten der Leistungskontrolle im Alter von 365 Tagen zeigen folgendes Bild: 11,5% der kontrollierten Jungrinder weisen eine Tageszunahme von 0,70 kg und mehr auf, 59% der Jungrinder, also die Mehrheit, erreichen Tageszunahmen von 0,50–0,69 kg und 29,5% der Jungrinder liegen unter 0,50 kg Tageszunahme.

Nach aktuellen Daten erbringen 88,5% aller kontrollierten Jungrinder Tageszunahmen bis 0,69 kg. Der unverfälschte, kleinrahmige Typ des Hochlandrindes weist daher auch geringere Endgewichte auf. Diese liegen beim Stier zwischen 700 und knapp 900 kg und bei der Kuh zwischen 480 und 650 kg. Die Geburtsgewichte der Kälber betragen ca. 22–30 kg.

Infolge seines besonders leistungsfähigen Verdauungsapparates ist das Hochlandrind ein sehr guter Futterverwerter, der sich auch mit minderwertigem, rohfaserreichem Futter begnügt. Dazu kommt noch ein geringer Grundumsatz zur Körpererhaltung. Erwähnenswert sind seine hervorragenden Weideeigenschaften. Das Hochlandrind weidet auch Geilschöpfe, Borstgras, Brennnesseln, Disteln, Schilf und Stauden ab und setzt alles in hochwertiges Fleisch um.

Seine Winterhärte prädestiniert es für die ganzjährige Freilandhaltung auch in Extremlagen. Ausschließliche oder überwiegende Stallhaltung ist für das Hochlandrind nicht rassegerecht und sollte, wie die Pferchhaltung, unbedingt vermieden werden.

Hochlandrinder sind langlebig aber spätreif. Erstabkalbungen erfolgen mit 33–39 Monaten. Kühe können eine Lebensleistung von 14–16 Kälbern erbringen. Sie sind in der Regel leichtkalbend und zeigen ausgeprägte, gute Muttereigenschaften. Die Milchleistung der Hochlandkuh spielt insofern eine Rolle, als sie für die gute Entwicklung des Kalbes ausreichen muss.

Besonders bei Erstabkalbungen neigen Hochlandkühe dazu, ihre Kälber zu verstecken. Auch handzahme Kühe verteidigen ihre neugeborenen Kälber gegen echte oder vermeintliche Feinde und Gefahren. Sogar der gutmütigste Herdenstier neigt manchmal dazu, seine Nachkommen zu beschützen. Stiere werden mit 20–24 Monaten geschlechtsreif. Sie sollten daher nicht unter einem Alter von 20 Monaten zur Zucht verwendet werden. Charakterlich ist das Hochlandrind ruhig und gutmütig, aber auch misstrauisch, mutig und freiheitsliebend, mit einer ausgeprägten Herdenbindung.

Das Hochlandrind ist ein spezielles Fleischrind. Es liefert, bei entsprechender Haltung und Fütterung, ein langsam gewachsenes, fein- und kurzfaseriges, gut marmoriertes Fleisch mit würzigem Rindfleischgeschmack. Mastfähig im herkömmlichen Sinn ist es nicht, da es bei zu üppiger Fütterung zum Verfetten neigt. Die Ausschlachtergebnisse sind mittel bis gut.

Erscheinungsbild

Das Erscheinungsbild oder der Phänotyp ist die Summe aller äußerlich feststellbaren Merkmale

Das Hochlandrind ist kleinrahmig und genügsam. Es eignet sich daher für die Nutzung von Extremlagen und Hochalmen

eines Individuums. Er bezieht sich nicht nur auf morphologische, sondern auch auf physiologische Eigenschaften. Im Phänotyp spiegeln sich auch erworbene Eigenschaften wider, etwa vergrößerte oder verkümmerte Muskelgruppen, je nach häufigerem oder weniger häufigem Gebrauch, Zwergwuchs durch widrige Umweltbedingungen und Ähnliches. Solche erworbenen Eigenschaften werden nicht vererbt, das heißt, der Genotyp wird dadurch nicht unmittelbar beeinflusst.

Das Hochlandrind zeichnet sich durch einen urwüchsigen, harmonischen Körperbau mit korrekten Proportionen aus. Es hat ein kurzes Fundament, eine ausgeprägte Brusttiefe und ist bei geringer Widerristhöhe von 110–130 cm sehr lang. In den Schultern und im Rücken ist es breit. Die mäßige Keulenbemuskelung wird als Ursache für die Leichtkalbigkeit angesehen. Rücken, Schulter und Brust sind hingegen stark bemuskelt. Eine Wamme ist unerwünscht. Weitere Merkmale sind ein gerader Rücken, gut angesetzte, runde und tiefe Rippen sowie ein breiter Hüftabstand. Vorder- und Hinterbeine sind kurz, stark und weisen kräftige Knochen auf, wobei die Vorderbeine breiter gestellt sind. Die Beine selbst sind stark behaart, die Hufe groß, gut angesetzt, die Klauen kurz und hart.

Der Kopf soll in einem angemessenen Verhältnis zu den Körperproportionen stehen. Er ist zwischen den Augen breit und zwischen Augen und Maul kurz. Das Maul soll aus der Seitenansicht kurz, aus der Vorderansicht aber breit erscheinen. Der für das Hochlandrind charakteristische Haarschopf zwischen den Augen soll breit, lang und buschig sein. Oft bedeckt er auch die Augen. Die Augen sind groß, lebhaft und ausdrucksvoll. Sie spiegeln den Mut des Tieres wider. Beim Stier sollen die Hörner waagrecht aus dem Kopf kommen, eine leichte Biegung nach vorne haben und an den Enden etwas nach oben gebogen sein. Jede Abwärtsneigung zwischen Hornwurzel und Vorwärtsbiegung ist unerwünscht, da eine Korrelation mit einem weichen Rücken möglich erscheint. Die Hörner der Kuh sollen entweder rechtwinkelig zum Kopf stehen und nach oben gerichtet sein, oder aber waagrecht aus dem Kopf kommen, rechtwinkelig nach vorne verlaufen und mit den Enden steil nach oben zeigen. In allen Fällen sollten die Hörner stark und glatt sein und eine rötliche Färbung mit dunklen Enden zeigen. Die Ohren müssen korrekt ausgebildet sein. Sie sind buschig behaart. Das üppige Fell weist langes Ober- und dichtes Unterhaar auf. Sämtliche Haarfarben von Schwarz, Dunkelbraun, Rot, Hellbraun, Beige bis Gelb und Weiß sind möglich und erlaubt. Nur Schecken sind nicht zulässig. Diese, von jener der Highland Cattle Society abgeleitete und durch nationale Daten und Erfahrungen ergänzte Rassebeschreibung, zeigt deutlich, welche Bedeutung der Formalismus in der Hochlandrinderzucht im angelsächsischen Raum, und nicht nur dort, hat. Sie ist ein Hinweis darauf, dass die Hochlandrinderzucht nicht nur aus ökonomischen Gründen betrieben wurde und wird. Vielmehr ist sie auch Liebhaberei und Statussymbol einer elitären Schicht von Grundeigentümern und Landadeligen.

Die Beurteilung der Körperformen des Hochlandrindes unterscheidet sich in Österreich nur in einigen Punkten vom allgemeinen Beurteilungsschema für Rinder. Vor und nach der Detailbeurteilung sollte man den Gesamteindruck erfassen. Das Tier soll wohlproportioniert sein, einen harmonischen Eindruck machen und es muss gesund sein.

Beurteilung der Körperformen des Hochlandrinds

Der Rahmen

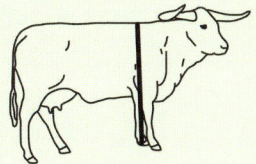

Größe:
Das Hochlandrind ist kleinrahmig, die Widerristhöhe beträgt 110–130 cm.

Breite:
Typisch ist die große Breite in der Vorderpartie (Brust).

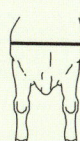

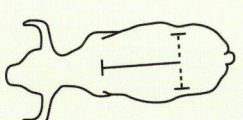

Länge: Das Fundament ist kurz.

Tiefe:
Der erwünschte Typ hat eine sehr große Körpertiefe bei kurzen Extremitäten. Wichtig sind die Brust- und Flankentiefe. Hochbeinigkeit ist ein schwerer Mangel.

Hinterseite:
In der Rückansicht wirkt das Hochlandrind nicht besonders breit, da die Hinterhand (Hose) wenig bemuskelt ist.

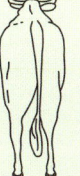

Bemuskelung:
Betont ist die Bemuskelung der Schulter, der Brust und des Rückens. Weniger bemuskelt sind die Keulen (Hinterviertel). Die „Behosung" soll gering sein.

Die Form

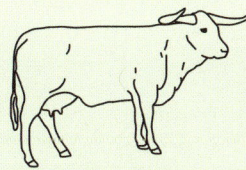

Schulter:
Geschlossen, straff anliegend.
Rücken: Straff, gerade Oberlinie.

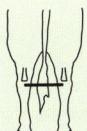

Hinterfüße:
Korrekt gewinkelt, etwas schmäler gestellt und etwas länger als die Vorderfüße.

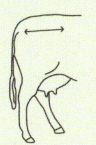

Becken:
Soll lang, möglichst breit und leicht nach hinten geneigt sein (gebärfreudig).

Sprunggelenke:
Gut ausgeprägt und möglichst trocken.

Fesseln: Korrekt gestellt, nicht durchgetreten.

Klauen: Kurz angesetzt, geschlossen, kurz und hart.

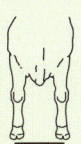

Vorderfüße:
Kurz und breit gestellt.

Euter: Eher klein, gut angesetzt, nicht hängend. (typisches Mutterkuheuter).

Eigenschaften und Wesen

Das Hochlandrind ist ein robustes Freiland-Fleischrind. Eigenschaftsgerechte, extensive und karge Mutterkuhhaltung mit minimalem Arbeitsaufwand sind die Voraussetzungen für den wirtschaftlichen Erfolg dieser Rasse. Das Hochlandrind eignet sich vorzüglich für die Verwertung von minderen Weiden, Grenzertragsböden und Restflächen. Hochlandrinder können aufgrund ihres geringeren Gewichtes und der verhältnismäßig breiten Klauen problemlos wenig tragfähige Böden beweiden. In extremen Gebirgslagen kann das Hochlandrind ebenfalls die Vorteile des geringeren Gewichtes einbringen. Die Grasnarbe der Weide wird nicht zerstört oder stufenförmig abgetreten. Schwere, großrahmige Tiere sind im schwierigen Steilgelände einfach fehl am Platz. Bänder und Gelenke können der Belastung beim Transport von 900 kg und mehr Eigengewicht auf Dauer nicht standhalten. Genügsamkeit und gute Weideeigenschaften machen das Hochlandrind zum idealen Landschaftspfleger. Weide in der Vegetationszeit, Grassilage, Heu und Stroh im Winter genügen. Jede Art von Kraftfutter ist überflüssig und verteuert die Produktion. Nur eine ausreichende Mineralstoffversorgung ist vorzusehen. Züchter sollten beachten, dass Spätreife und Langlebigkeit, Kleinrahmigkeit und Genügsamkeit sowie Leichtkalbigkeit und schwache

Trotz guter Müttereigenschaften kommen fremde Kälber nur von hinten an die Milch

Hochlandrinder zeichnen sich durch ein freundliches, gutmütiges Wesen aus

Bemuskelung der Hinterhand wahrscheinlich in Korrelation stehen, und dass die Wegzüchtung der einen Eigenschaft, zum Verlust der anderen führen kann.

Von Natur aus hat das Hochlandrind einen freundlichen Charakter. Beim Umgang mit Tieren ist aber immer Vorsicht geboten. Wenn man sich einem Rind nähert, sollte man es immer ansprechen. Je ruhiger man selbst ist, umso ruhiger und umgänglicher wird auch das Hochlandrind sein. Auch ein nervöses, verstörtes Rind lässt sich durch Zureden beruhigen. Vertraute Personen werden an der Stimme oder am Geruch erkannt. Kleine Aufmerksamkeiten in Form von Leckerbissen begründen oder erhalten die Freundschaft. Trotzdem darf man nicht vergessen, dass die Kuh ihr Kalb und der Stier die Herde bewacht. Freilandrinder verhalten sich anders als Stalltiere. Wer seine Tiere wirklich handzahm machen will, muss viel Zeit investieren. Ein bewährtes Mittel dazu ist das Striegeln. Handzahme Tiere sind bei ganzjähriger Freilandhaltung zwar ein Vorteil, aber keine unabdingbare Voraussetzung. Rinder sind Herdentiere. Sie lassen sich daher als Herde leichter und besser handhaben und dirigieren als einzelne Tiere. Das ist zum Beispiel beim Viehtrieb zu beachten. Sperrt man Hochlandrinder einzeln in Räume oder enge Pferche, werden sie alles daran setzen, um wieder in die Freiheit und zu ihrer Herde zu gelangen. Muss ein Rind bei Erkrankung oder Verletzung abgesondert werden, sollte man ihm trotzdem den gewohnten Herdenkontakt ermöglichen.

3 Ökologische Bedeutung

Die durch jahrhundertelange bäuerliche Bearbeitung entstandene Kulturlandschaft wird vom Betrachter als „Natur" empfunden und auch so bezeichnet. Unbearbeitetes und unbewirtschaftetes Land verwildert in kurzer Zeit. Wildnis ist für Freizeit, Erholung oder Tourismus nicht oder kaum nutzbar. Kulturlandschaft lässt sich aber nicht stilllegen oder konservieren, sie wird vielmehr durch ständige Betreuung erhalten. Nur in dieser Form kann sie uns als Lebensgrundlage dienen. Selbst Naturparks, Nationalparks und Naturschutzgebiete bedürfen einer Teil- oder Minimalnutzung. So können zum Beispiel die Steppen- und Trockenrasen im Nationalpark Neusiedlersee nur durch Beweidung mit Rindern erhalten werden. Im Grünlandgebiet steht, bei allen Extensivierungs- oder Stilllegungsbestrebungen, die Erhaltung eines intakten Natur- und Landschaftsbildes im Vordergrund. Dieses Ziel ist zu vertretbaren Kosten nur durch Beweidung erreichbar. Intensivrinderrassen erlauben keine umfassende Extensivierung, mit ihnen wäre Landschaftspflege zu teuer.

Von der landwirtschaftlichen Gesamtfläche Österreichs entfallen 1,810.000 ha oder 56% auf Dauergrünland. Dieses wird in Wirtschaftsgrünland (mehrmähdige Wiesen und Kulturweiden) mit 905.000 ha oder 28% und Extensivgrünland (einmähdige Wiesen, Streuwiesen, Hutweiden, Almen und Bergmähder) mit ebenfalls 28% unterteilt. Diese Zahlen zeigen, welche Bedeutung der Grünlandbewirtschaftung zukommt.

Extensive Kreislaufwirtschaft durch Beweidung

Die ursprüngliche Form der extensiven Bodennutzung ist die schonende Beweidung großer Hut- oder Standweiden, wie dies zum Beispiel in der Almwirtschaft üblich ist. Diese Form der Weidenutzung hat nichts mit der arbeits-, chemie- und

Selbst ein plötzlicher Wintereinbruch ist für Robustrinder kein Problem

düngerintensiven Koppel-, Portions- und Mähweidewirtschaft für Milchvieh zu tun. Bei der extensiven, ökologischen Weidewirtschaft überlässt man fast alles dem Weidetier. Durch Tritt und Biss entsteht eine standorttypische Pflanzengesellschaft, welcher in einem geschlossenen Kreislauf nur natürlicher Dünger direkt vom Weidetier zugeführt wird.

Wildgatter sind eine Möglichkeit der extensiven Weidebewirtschaftung, stellen aber wegen der nicht unproblematischen Haltung von Wildtieren sowie der aufwendigen und tourismusfeindlichen Zäune nicht die Idealform dar. Die Beweidung mit Schafen und Ziegen wäre eine weitere Option. Die Schafhaltung müsste zum Zweck der Erzeugung von Schlachtlämmern betrieben werden, bei Ziegen käme wohl nur die Milchproduktion in Frage. Das Hochlandrind kann man als „wartungsarmen, geländegängigen Selbstversorger" bezeichnen. Seine bereits beschriebenen besonderen Eigenschaften prädestinieren es für die nachhaltige, extensive, ökologische Bewirtschaftung von Grünland nach den Richtlinien des biologischen Landbaus und für die reine Landschaftspflege und -erhaltung im Rahmen von Natur- und Landschaftsschutzprogrammen. Während das Hochlandrind im Ausland in viele Naturschutzprojekte erfolgreich eingebunden ist, konnte Ähnliches in Österreich leider noch nicht erreicht werden. Das Hochlandrind wurde in Österreich als reine Privatinitiative, ohne jede Hilfe seitens der öffentlichen Hand, etabliert. An diesem Status hat sich bis heute nichts geändert, obwohl mit dieser Rasse im Natur- und Landschaftsschutz, auch in Nationalparks, oft besser und vor allem billiger gearbeitet werden könnte als mit herkömmlichen Rindern.

Wichtige Begriffe

Nachhaltigkeit
Der schon 1713 von Hans Carl von Carlowitz geprägte Begriff der „Nachhaltigkeit" bezog sich ursprünglich auf die Forstwirtschaft. Man versteht darunter eine Bewirtschaftungsform des Waldes, bei der laufend nur so viel Holz entnommen wird, wie nachwachsen kann. Der heutige Begriff der „nachhaltigen Entwicklung" wurde von der Brundtland-Kommission 1987 definiert. Man bezeichnet damit eine Entwicklung, die den Bedürfnissen der heutigen Generation entspricht, ohne die Befriedigung der Bedürfnisse künftiger Generationen zu gefährden.

Extensivität
Bei der extensiven Landnutzung sind die Eingriffe des wirtschaftenden Menschen in den Naturhaushalt gering. Die natürlichen Standortfaktoren werden kaum beeinflusst. Es überwiegt die natürliche Entwicklung. Der Einsatz von Produktionsmitteln bewegt sich auf einem niedrigen bis sehr niedrigen Niveau. Entsprechend gering sind auch die Erträge pro Flächeneinheit (Hektar) oder pro Tier. Der Tierbesatz in GVE pro Hektar ist ebenfalls niedrig.

Ökologie
Unter Ökologie versteht man die Beziehung und Wechselwirkung von Organismen zueinander bzw. zwischen Organismen und ihrer unbelebten Umwelt. Ökologie ist, anders ausgedrückt, die „Lehre vom Haushalt der Natur", die Verträglichkeit. Ökonomie hingegen steht für Bewirtschaftung, Wirtschaftsführung mit dem Ziel des Zugewinnes (Wirtschaftlichkeit). Ökologie und Ökonomie sind keine Gegensätze und schließen einander nicht aus.

„Biologisch"
Die vor allem in Österreich übliche Bezeichnung ist irreführend. Biologie ist ganz allgemein die Lehre oder Wissenschaft vom Leben. Da jede landwirtschaftliche Tätigkeit mit lebenden Wesen zu tun hat, ist auch die konventionelle Landwirtschaft „biologisch". Treffender wäre der in Deutschland eingeführte Begriff „ökologische Landwirtschaft". Beide Begriffe stehen für genau definierte, natürliche (naturnahe) Produktionsmethoden für Lebensmittel und sonstige landwirtschaftliche Erzeugnisse unter Berücksichtigung von ökologischen Gesichtspunkten und Erkenntnissen des Umweltschutzes. Die ökologische oder biologische Landwirtschaft verzichtet beispielsweise auf synthetische Pflanzenschutzmittel, Wachstumsförderer, leicht lösliche und rasch wirkende (synthetische) Düngemittel, Gen- und Bestrahlungstechnik. Sie verzichtet wohl auf den Embryotransfer, leider aber nicht auf die künstliche Besamung.

Rinder für den Biobetrieb

Hochlandrind und Galloway fügen sich dank ihrer besonderen Eigenschaften ideal in das vorgegebene Muster des biologischen (ökologischen) Landbaues ein. Kein Züchter oder Halter von Robustrindern, sei es im Voll- bzw. Nebenerwerb oder aus Liebhaberei, sollte die Möglichkeit versäumen, seinen Betrieb kontrolliert ökologisch zu bewirtschaften. Die Vorteile der biologischen Bewirtschaftung liegen, abgesehen vom Vorteil für die Umwelt, in besseren Vermarktungschancen, höheren Preisen, die zu erzielen sind, sowie in der Möglichkeit, besondere Förderungen in Anspruch zu nehmen.

Der biologische Landbau ist in Österreich durch die EU-Verordnung 889/2008, den österreichischen Lebensmittelkodex und durch Richtlinien von Bioverbänden zivilrechtlich geregelt. Die Einhaltung dieser Richtlinien wird von einer Kontrollstelle überwacht. Zu diesem Zweck ist ein gültiger Kontrollvertrag mit einer anerkannten Bio-Kontrollstelle abzuschließen. Das Zertifikat, das zum Verkauf der Produkte als „aus kontrolliertem, biologischem Anbau" berechtigt, ist jährlich zu erneuern. In Deutschland wird der ökologische Landbau ebenfalls, wie in der ganzen Europäischen Union, durch die EU-Verordnung 834/2007 geregelt. Dazu kommen noch Richtlinien von acht Anbauverbänden. In der Schweiz gelten die Richtlinien der Bio-Suiss, dem Dachverband für den Biolandbau, und von kantonalen, regionalen und sonstigen Mitgliederorganisationen. Wie in Österreich und Deutschland sind unabhängige Kontrollinstanzen vorgesehen.

Im Vergleich mit einer konventionellen Rindermast mit Kraftfuttereinsatz und Stallhaltung werden bei der Fleischerzeugung in Form von Freiland-Mutterkuhhaltung ausschließlich mit Raufutter und Weide um 40% weniger Treibhausgase freigesetzt und um 85% weniger Energie verbraucht. Zu diesem Ergebnis kamen erst vor kurzem aktuelle Untersuchungen.

Wenn wir auch in Zukunft eine lebenswerte Umwelt haben wollen, müssen wir in der Landwirtschaft den ökologischen Weg wählen und eine noch engere Partnerschaft mit der Natur eingehen. Hochlandrind und Galloway können und werden uns dabei helfen.

Hochlandrinder sind ebenso wie auch Galloways für die biologische, extensive Landwirtschaft prädestiniert

Ökologische Bedeutung

4 Hochlandrinder halten

Für den Agrarsektor sind in Österreich, neben einer Flut von Landesgesetzen- und verordnungen, laut „Grünem Bericht 2006" des Bundesministeriums für Land- und Forstwirtschaft, Wasserwirtschaft und Umwelt, 330 Bundesgesetze und -verordnungen relevant. In der Tierhaltung sind die jeweiligen Landestierzuchtgesetze sowie die gesetzlichen Bestimmungen betreffend Tierhaltung, Tierseuchen, Tiergesundheit, Tierkennzeichnung, Tiertransport und Wasserrecht besonders zu beachten.

Die EU greift mit 154 Rats- und Kommissionsverordnungen, Richtlinien und Sonderrichtlinien regelnd in die Landwirtschaft ihrer Mitgliedsstaaten ein. Als wichtiges Beispiel sei hier die EU-Nitratrichtlinie angeführt. Weiters sind, als Voraussetzung für die Teilnahme an geförderten Umweltprogrammen, wie beispielsweise in Österreich dem ÖPUL, die Bestimmungen der „Guten Landwirtschaftlichen Praxis" (GLP) und, als eine Art Zusammenfassung, die so genannte Cross Compliance (CC) zu befolgen.

Diese Regelungen stellen ein zusammenhang- und systemloses Stückwerk dar, dessen Bestandteile sich vielfach überschneiden, sodass es zu einer

Hochlandrinder sollte man nicht naturnah, sondern natürlich halten

unübersichtlichen, komplizierten, praxisfernen und bürokratischen Überregulierung kommt.
Aber wie sollen Robustrinder nun gehalten werden? Am besten fragen wir sie selbst. Wenn Hochland- und Gallowayrinder auch besondere Eigenschaften haben, sprechen können sie nicht. Weder Deutsch noch Englisch und auch nicht Gälisch. Trotzdem haben sie uns sehr viel zu sagen. Wir müssen nur versuchen, sie zu verstehen. Die Robustrinder teilen sich uns über ihr Verhalten mit. Das Verhalten wiederum ist Ausdruck ihrer Eigenschaften und daraus sind ihre Bedürfnisse abzuleiten. Es ist daher ratsam, unsere Hochland- und Gallowayrinder durch geduldige Beobachtung, frei von Zwang und ohne Vorurteile, kennen und interpretieren zu lernen. Wäre es nicht naheliegend, in allen Haltungsfragen auf die natürliche Basis zurückzugreifen, um dann mit Vorsicht empirisch auszuloten, wie weit man in die natürlichen Vorgänge eingreifen soll, kann und darf?
Die Domestikation eines Tieres bedeutet, dass es aus seinem ursprünglichen Wildzustand zu einem Haustier umgezüchtet und dabei „denaturiert" wird. Die Nutzung eines Tieres setzt nicht unbedingt Domestikation voraus. Diese kann die Nutzung aber erleichtern, verbessern oder wirtschaftlicher

Den Rindern muss eine schattige Rückzugsmöglichkeit geboten werden

gestalten. Außerdem gibt es verschiedene Stufen der „Denaturierung", die in der Tierhaltung zu berücksichtigen sind. Hochlandrind und Galloway sind selbstverständlich domestiziert. Ihr „Denaturierungsgrad" ist aber verhältnismäßig niedrig. Das Hochlandrind ist züchterisch nur mäßig, das Galloway etwas stärker bearbeitet worden. Verantwortungsbewusste Züchterorganisationen vertreten die Ansicht, dass die beiden Robustrassen in diesem Status belassen werden sollen. Eine Notwendigkeit, ihre Genetik durch Selektion oder Einkreuzung zu verändern, besteht nicht. Es stehen schließlich genügend Hochzucht- und Intensivrassen zur Verfügung.

Naturnah oder natürlich?

Halten wir doch Robustrinder gemäß ihren Bedürfnissen nicht naturnah, sondern lieber gleich natürlich. Was für Bedürfnisse hat das Rind? Es will fressen, trinken, ruhen oder schlafen, sich frei bewegen und es will sich vermehren. Kurz: Es will sich wohlfühlen.
Zunächst ist abzuklären, ob sich die örtlichen Gegebenheiten überhaupt für die Rinderhaltung eignen. Es müssen ausreichend Weideflächen in unmittelbarer Nähe der Hofstelle verfügbar sein und es muss die Möglichkeit für die Einrichtung des „Winterquartiers" bestehen. Man braucht unter anderem Fließwasser und Bergeräume für das Winterfutter. Kot und Harn müssen vorschriftsmäßig gesammelt und gelagert werden. Neueinsteiger sollten die Umsetzbarkeit von einem erfahrenen Rinderhalter prüfen lassen.

Die Haltung von Hochlandrindern ist vor allem an schwierigen Standorten zu empfehlen

Weiters brauchen Rinder, und ganz besonders die wolligen, zotteligen Robustrinder, Gegenstände, an denen sie sich scheuern können. Der sprichwörtliche Reibebaum ist eine Möglichkeit. Man kann ihnen aber auch bürstenartige Scheuereinrichtungen bieten. Auch lieben es Hochlandrinder, besonders in der warmen Jahreszeit, sich im Schlamm oder Staub zu suhlen. Die Schlamm- oder Staubschicht bildet nämlich einen idealen Schutz vor Insekten. Leider sind hierfür vielerorts die Möglichkeiten begrenzt. Falsch wäre es jedenfalls, die Bedürfnisse des Hochlandrindes – oder der Nutztiere ganz allgemein – im Sinne von fehlinterpretiertem Tierschutz zu vermenschlichen. Die Natur hat das Rind mit anderen Eigenschaften und Bedürfnissen ausgestattet als den Menschen.

Das Hochlandrind eignet sich zwar für unterschiedliche Haltungsformen, die ganzjährige oder überwiegende Stallhaltung scheidet jedoch für eine so natürliche, freiheitsliebende Rasse von vornherein aus. Man kann das Hochlandrind extrem extensiv oder sogar intensiv halten, der Sinn, ein extensives Robustrind intensiv zu halten, muss allerdings ernsthaft hinterfragt werden. An günstigen Standorten ist die intensive Haltung des Hochlandrindes zwar möglich, aber weder zweckmäßig noch zielführend. In Gunstlagen wird man mit einer mittelintensiven oder intensiven Rinderrasse immer erfolgreicher sein als mit einem Robustrind.

Im Extremfall kann das Hochlandrind sogar auf Böden, deren landwirtschaftliche Nutzung eigentlich nicht mehr lohnend ist, wirtschaftlich gehalten werden. Die Besatzdichte ist allerdings so zu wählen, dass die Futterversorgung ausreichend ist. Extensivhaltung darf nicht in Mangel- oder Hungerhaltung ausarten! Eines muss ganz deutlich gesagt werden: Von der Haltungsart hängen die Haltungskosten, die Produktionskosten und somit der wirtschaftliche Erfolg ab. Für Hochland- und Gallowayrinder ist eindeutig die Freiland-Mutterkuhhaltung, die weltweit das führende Verfahren in der extensiven Fleischrinderhaltung darstellt, die einzig rassegerechte Haltungsform.

Braucht das Hochlandrind einen Stall?

In Hinblick auf seine Robustheit und Anpassungsfähigkeit kann man in Mitteleuropa, abgesehen vielleicht von extremen Lagen, ganz ohne Stall auskommen. Experten mit ausreichender Erfahrung in der Haltung von Robustrindern vertreten die Meinung, dass als Schutz vor Witterungseinflüssen Bodensenken, Gehölze, Hecken oder ganz primitive Unterstände, zum Beispiel aus Strohballen, genügen und nur im Krankheitsfall ein weitergehender Wetterschutz erforderlich ist.

Die österreichische Tierhaltungsverordnung sieht jedoch bei ganzjähriger Freilandhaltung – auch von Robustrindern – vor, dass diesen eine überdachte, windgeschützte, trockene, eingestreute Liegefläche angeboten wird, die es allen Tieren erlaubt, gleichzeitig ungestört zu liegen. Ein Stall oder ein stallartiges Gebäude muss also vorhanden sein. Aus betriebswirtschaftlichen Gründen sollte dieser gesetzlichen Forderung in möglichst sparsamer Form entsprochen werden. Je extensiver gewirtschaftet wird, umso weniger rentieren sich Investitionen in Gebäude oder bauliche Anlagen. Die Improvisation hat vor der Investition zu stehen. Die einfachen, billigen, ja primitiven Betriebsgebäude und Einrichtungen kanadischer und amerikanischer Farmer sollten uns als Vorbild dienen.

Viele Betriebe in Österreich verfügen über mehr Gebäude, als sie wirklich brauchen. Es sollte also möglich sein, vorhandene Gebäude mit geringen Kosten umzubauen und zu adaptieren. Meist wird es genügen, möglichst sonnseitig (Südost bis Südwest), aus der Außenmauer des vorhandenen Gebäudes eine große Öffnung auszubrechen, um die geschützte Liegefläche in Form eines Laufstalls darzustellen. Aber nicht nur ehemalige Stallungen, auch adaptierte Wagenhütten oder Scheunen eignen sich als Liegeplatz; ebenso befestigte Flächen unter dreiseitig abgeschlossenen Vor- oder Flugdächern mit einem leichten Gefälle zu einer Kot- und Harnsammelgrube. Sie können verhältnismäßig billig hergestellt werden, erfüllen voll ihren Zweck und genügen den gesetzlichen Anforderungen. An einen Neubau sollte man nur dann denken, wenn absolut keine anderen Möglichkeiten bestehen. Dabei ist von einer Nutzungsdauer von 20 Jahren auszugehen. Das heißt, auch neue Gebäude sind in möglichst einfacher, sparsamer, ja primitiver Bauweise zu errichten. Für jedes erwachsene Hochlandrind, ob Mutterkuh oder Stier, ist mit einem Platzbedarf von 4–4,5 m^2 zu rechnen. Kälber und Jungrinder benötigen 1,0–2,5 m^2. Da Hochlandkühe auch im Winter vorzugsweise im Freien abkalben, erübrigt sich die Einrichtung

Im Winterquartier

einer Abkalbezone. Das Hochlandrind ist durch sein dichtes Haarkleid und eine dickere Haut, als sie andere Rinder haben, gegen die Kälte geschützt. Schon die Kälber werden mit einem schützenden „Naturpullover" geboren, der ihnen das Aussehen von Teddybären gibt. Für die Absonderung und Behandlung kranker Tiere muss jedoch ein geeigneter Raum vorhanden sein.

Der Liegeraum muss mit dem Traktor befahrbar sein, um das Ausmisten möglichst einfach und kostengünstig bewerkstelligen zu können. Als Einstreu kommt in erster Linie Stroh in Betracht. Je nach Örtlichkeit, Organisationsform und Frequentierung des Liegeraums sollte der Strohbedarf 500–800 kg (im Extremfall 1.000 kg) pro erwachsenem Rind und Jahr nicht überschreiten. Die Einstreu darf nicht zum kostspieligsten Betriebsmittel der extensiven Fleischerzeugung werden.

Hochlandrinderzüchter und -halter an verschiedenen Standorten konnten und können die Erfahrung machen, dass ihre Tiere auch bei Regen, Wind und Schnee nicht den geschützten Liegeraum aufsuchen. Es ist nichts Außergewöhnliches, wenn sich Hochlandrinder bei starkem Schneefall ruhig im Freien niederlegen und einschneien lassen. Hingegen brauchen Rinder in der warmen Jahreszeit unbedingt einen oder besser mehrere schattige Liegeplätze im Bereich der Weideflächen. Schattenspender im Freien werden von Hochlandrindern lieber aufgesucht als solche in Gebäuden. Auf dieses elementare Schattenbedürfnis wird jedoch in den gesetzlichen Mindestanforderungen für die Haltung von Rindern mit keinem Wort eingegangen. Den Hobbylandwirten unter den Robustrinderzüchtern und -haltern sei es unbenommen, ihre Betriebsanlagen (Liegeraum, Futterplatz, Fressplätze,

Der Unterstand: einfach, zweckmäßig, kostengünstig

Einfacher Heuautomat an der Stallaußenmauer

Tränken usw.) luxuriös und teuer auszugestalten. Allerdings dürfen diese Komfortanlagen oder „Kuhhotels" nicht als Maßstab für den bäuerlichen Voll- und Nebenerwerbsbetrieb herangezogen werden.

Futterstelle und Fressplätze

Aufgrund jahrzehntelanger Erfahrungen mit der ganzjährigen Freilandhaltung kann gesagt werden, dass die Futterstelle oder die Fressplätze nicht unbedingt überdacht sein müssen. Für die Verfütterung von Heu-, Silo- oder Strohballen genügen Halter aus verzinktem Stahlrohr zur Ballenaufnahme. Gleichzeitig dienen diese Halterungen als Fressgitter und Abteilung der einzelnen Fressplätze. Bei der Gestaltung der Fressplätze sind dem Erfindergeist und der Kreativität des Einzelnen keine Grenzen gesetzt. Die Palette reicht von der herkömmlichen Heuraufe aus Holz, über diverse Ballenhalter oder verschiebbare Fressgitter bis zum Heu- oder Silageautomaten.

Die jeweiligen Füllvolumina sollten so bemessen sein, dass die Befüllung der Vorrichtungen im Abstand von einigen Tagen ausreichend ist. Aus arbeitswirtschaftlichen Gründen ist es zweckmäßig, die Beschickung durch bauliche Maßnahmen und Ausnutzung der Schwerkraft zu erleichtern oder aber zu mechanisieren. Für Letzteres kommt vorzugsweise der Traktor-Frontlader infrage. Ob man sich für die Errichtung eines Dachs entscheidet oder nicht, hängt vom jeweiligen Klima und von der Art des Futters und der gewählten Vorlagemenge ab.

Handelsübliche Futterstelle mit Dach

Die Beschickung des überdachten Ballenhalters mit Heuballen erfolgt per Frontlader

Silage kann bedenkenlos unter freiem Himmel gefüttert werden. Heu ist empfindlicher. In einer kurzen Zeitspanne von zwei oder drei Tagen verdirbt jedoch weder regen- noch schneenasses Heu. Zur eigenen Beruhigung und zu jener der Nachbarn, und um vielleicht tatsächlich etwas Futter zu sparen, wird man aber meist eine Überdachung der Fressplätze vorsehen.

Die Überdachungen von im Handel erhältlichen Futterstellen mit integrierten Fressplätzen sind meist ohnehin nur Alibidächer. Regen und Schnee können seitlich ungehindert auf das Futter einwirken. Vorratsfütterungen, deren Füllungen für eine Woche oder für noch längere Zeit ausreichen sollen, sind jedenfalls ordentlich und wirksam zu überdachen. Wer noch mehr tun will, richtet einen so genannten „Kälberschlupf" ein, der nur Kälbern bis zu einer bestimmten Größe Zutritt zu besonderen Fressplätzen erlaubt. Aber auch ohne einen Kälberschlupf sorgt die Mutterkuh für die Möglichkeit der ungestörten Futteraufnahme ihres Kalbes. Wirkliche Bedeutung hat der Kälberschlupf lediglich für die Verabreichung von Kraft-

futter und dieses ist für Hochlandrinder nicht vorgesehen. Hingegen sind Tröge oder sonstige Einrichtungen für die Versorgung mit Mineralstoffen bereitzustellen.

Das Ausmisten erfolgt mit dem Frontlader

Bei ganztägiger Futtervorlage dürfen auf einen Fressplatz bis zu 2,5 Rinder kommen. Sehr gut hat es sich in der Praxis bewährt, Silage und Heu an getrennten Stellen anzubieten. Laut Gesetz ist eine Befestigung des Futterplatzes vorgeschrieben. Anfallende Abwässer sind in einem dichten Behälter zu sammeln.

Das am Futterplatz anfallende Restfutter-Kot-Gemisch wird auf einem befestigten Lagerplatz (Düngerstätte) oder auf einer Feldmiete bis zur Ausbringung zwischengelagert. Ist der Futterplatz nicht befestigt, so müssen die Einrichtungen für die Fütterung innerhalb der Fütterungsperiode mehrmals umgesetzt werden. Bei der Einrichtung und beim Betrieb der Futterstellen haben Mitgliedstaaten der Europäischen Union vor allem die Vorschriften des Nitrat-Aktionsprogramms genau zu beachten.

Auch ein selbstgebauter Mistschieber erfüllt seinen Zweck

Galloways an der Trogtränke

Tränke

Für das Wohlbefinden und Gedeihen der Rinder ist ihre ausreichende Versorgung mit hygienisch einwandfreiem, frischem Trinkwasser, das ihnen ganzjährig zur freien Aufnahme zur Verfügung stehen soll, besonders wichtig.

Der Wasserbedarf von Kühen hängt in erster Linie von ihrer Milchleistung ab. Für die Bildung von 1 l Milch verbraucht die Kuh 4–5 l Wasser. Da die Milchleistung von Robustrindern gering ist, kann ihr Wasserbedarf nicht mit jenem von Milchrassen verglichen werden. Brauchbare Werte sind vom Wasserbedarf trocken stehender Kühe oder von Milchkühen der untersten Leistungsstufe abzuleiten. Für diese Gruppen werden in der einschlägigen Literatur Werte von 30–65 l pro Tier und Tag angegeben. Kälber und Jungrinder haben einen geringeren Wasserbedarf, der zwischen 10 und 50 l pro Stück und Tag liegt. Die Häufigkeit der Wasseraufnahme hängt von der Entfernung der Tränke von der Weide oder dem Futterplatz und vom Wassergehalt des Futters ab. Zu beachten ist, dass der Wasserbedarf von Rindern bei heißer Witterung stark ansteigen kann. In Hitzeperioden ist die Tränke mehrmals täglich auf das Vorhandensein von genügend Wasser zu kontrollieren.

Ideal wäre die Versorgung aus einer Quelle oder einem anderen natürlichen Wasserlauf. In den meisten Fällen wird die Versorgung aber über eine Wasserleitung erfolgen müssen. Es ist dafür Sorge zu tragen, dass die Wasseraufnahme auch bei Frost ungehindert gesichert ist. Dem spezifischen Trinkverhalten der Rinder – zu Beginn lappend mit der Zunge, dann saugend – entsprechen Tröge oder Rundtränken besser als Tränkschalen.

Die Klimabedingungen in Mitteleuropa, speziell im alpinen Gebiet, stellen an die Wasserversorgung besondere Ansprüche. Sowohl Zuleitung als auch Tränkeinrichtung sollten weitgehend frostsicher oder frostunempfindlich sein. Um dieses Ziel zu erreichen, sind die Zuleitungen in frostsicherer Tiefe von 0,8 m–1,2 m zu verlegen. Die Steigleitung sollte gut wärmeisoliert sein, sodass die Eigentemperatur des Wassers und die aufsteigende Erdwärme das Einfrieren in der Leitung verhindern. Die Beschickung der Tränkvorrichtung kann sodann über ein im Handel erhältliches Frostschutzventil erfolgen. Sicherer ist der Einbau eines von der Oberfläche her bedienbaren Sperrventils in Verbindung mit einer Entleerungseinrichtung am Fuße der Steigleitung. Dieses System eignet sich allerdings nur für die Befüllung von Tränktrögen und sonstigen Behältern. Für die kontinuierliche Beschickung von elektrisch beheizten oder unbeheizten Tränkvorrichtungen kann es notwendig sein, die Zuleitung mit einer elektrischen Begleitheizung auszustatten. Beheizbare Tränkbecken sind bis zu einer Temperatur von –25° C frostsicher. Bei nicht beheizten Balltränken verschließt eine schwimmende Kugel mit einem Durchmesser von bis zu 25 cm die Wasseröffnung. Die Frostsicherheit ist bis ca. –10° C gegeben.

Elektrische Umlaufheizungen verhindern das Einfrieren von Leitungen und Tränkvorrichtungen durch Erwärmung des Tränkwassers. Sie sind aufwändig und teuer, sollen aber bis zu –40° C Außentemperatur schützen. Auch der Tränkplatz muss befestigt sein.

Die Balltränke ist bedingt frostsicher

Gesamtanlage

Zur Gesamtanlage gehören Liegeplatz, Absonderungsraum, Futterstelle, Tränke, Fangstand, Scheuereinrichtung, Waage, eventuell eine Verladeeinrichtung und eine feste Umzäunung. Der Fangstand dient zur Fixierung der Tiere bei Untersuchungen oder Behandlungen. Die Waage ist ein unentbehrliches Instrument für die Leistungskontrolle. Die Scheuereinrichtung dient dem Wohlbefinden der Rinder. Die einzelnen Anlagenteile müssen keineswegs in unmittelbarer Nähe zueinander – und womöglich auch noch unter einem Dach – angeordnet sein.

Wenn es die Örtlichkeiten erlauben, ist eine gewisse Entfernung zwischen dem Liegeplatz, der Futterstelle und der Tränke sogar vorteilhaft. Die Tiere haben dadurch auch außerhalb der Vegetationszeit ausreichend Bewegung. Das wirkt sich vorteilhaft auf ihre Gesundheit und die

Fleischqualität aus. Außerdem führt diese Anordnung zur Abnutzung der Klauen und trägt zum Strohsparen bei, da die Rinder nicht ständig im eingestreuten Liegebereich herumstehen. Schließlich müssen die Tiere auch auf der Weide oder bei der Alpung längere Strecken zwischen Weide, Liegeplatz und Tränke zurücklegen. Mit einer räumlichen Trennung der einzelnen Anlagenteile kann man einen der Alpung ähnlichen Effekt erzielen. Die Unterbringung in flächenmäßig zu kleinen Anlagen entspricht der Pferchhaltung, die für Robustrinder nicht geeignet ist.

Fütterung

Als Wiederkäuer ist das Rind von Natur aus auf die Verwertung von Gras in Form von Weide, Heu, Silage und Stroh eingerichtet. Jede andere Ernährung ist als nicht artgerecht abzulehnen. In der „entarteten" Intensivhaltung wurde das Rind allerdings zum allesfressenden Kannibalen degradiert und im wahren Sinn des Wortes „zur Sau gemacht". Die Natur antwortete darauf mit dem „Rinderwahnsinn" (BSE), einer Krankheit, die für artgerecht gehaltene Robustrinder kein Thema ist.

Ganz allgemein zeigt die Erfahrung, dass der Futterbedarf des Hochlandrindes bei etwa 50–60% des Bedarfs von Vertretern großrahmiger Intensivrassen liegt. Um diesbezüglich dem Leser konkrete Anhaltspunkte zu liefern, soll hier auf gesicherte Angaben und Daten von Praktikern zurückgegriffen werden. In der Folge sind drei Fallbeispiele angeführt, die über den Futterbedarf von Hochlandrindern in verschiedenen Klimazonen, bei unterschiedlicher Bewirtschaftungs- und Fütterungsform, Auskunft geben.

Für die Ballensilage braucht man keinen Bergeraum

Fallbeispiel 1

- Grünlandbetrieb im illyrischen Klimaraum (Wein-Maisklima), mit 12 ha in schwierigem Gelände, extensive, konventionelle Bewirtschaftung.
Seehöhe 550 m, durchschnittlicher Jahresniederschlag 840 mm, Lehmböden auf Sand und Schotter.

- Ausschließlich Weide von Anfang April bis Ende Oktober. Weide mit Zufütterung von März bis Dezember.
Die Weide steht ganzjährig zur Verfügung, daher fließender Übergang von Fütterung auf Weide bzw. von Weide auf Fütterung.

- Gehaltene Rasse: Hochlandrind
Viehbesatz: 9 Mutterkühe, 1 Stier, Nachzucht verbleibt 12 Monate am Hof, durchschnittlich 11,5 GVE. Verkauf von Zuchttieren, Absetzern und Einstellern.

- Flächenausstattung: 5 ha zweimähdige Wiesen + 7 ha Kulturweide = 12 ha Futterfläche.

- Gehalten wurden ca. 0,96 GVE/ha oder Flächenbedarf 1,04 ha/GVE.
Winterfütterung: von Ende Oktober bis Anfang April; entspricht durchschnittlich 170 Futtertagen (FT).
Verabreichtes Futter: Wiesengras-Anwelksilage und Hafer- oder Dinkelstroh ad libitum.
Futterverzehr: durchschnittlich 90 Siloballen à 450 kg (= 40.500 kg) und ca. 1.650 kg Stroh.

- Trockensubstanz-Berechnung:
40.500 kg Anwelksilage mit 35% Trockensubstanz (TS) = 14.175 kg TS
1.650 kg Stroh mit 86% Trockensubstanz (TS) = 1.419 kg TS
Summe: 15.594 kg TS
15.594 kg TS : 170 FT : 11,5 GVE = rund 8 kg TS/FT und GVE

- Stroh wurde auch in der Weideperiode angeboten.
Mineralstoffgaben erfolgten das ganze Jahr hindurch.
Kein Kraft- oder Zusatzfutter. (Erfahrungswerte aus 10 Jahren)

Fallbeispiel 2

- Grünlandbetrieb im alpinen Klimaraum, mit kleinem Feldfutterbauanteil (7,5%). Biologische Bewirtschaftung.
  Seehöhe 716 m, durchschnittlicher Jahresniederschlag ca. 1.000 mm

- Ausschließlich Weide von 10. Mai bis 20. Oktober.
  Weidegang mit Zufütterung vom 25. April bis Mitte November.
  Langsame Umstellung von Fütterung auf Weide bzw. von Weide auf Fütterung.

- Gehaltene Rasse: Hochlandrind
  Viehbesatz: 45–55 Rinder, Nachzucht bleibt für mindestens 30 Monate am Hof, durchschnittlich 40 GVE.

- Flächenausstattung: 35 ha mehrmähdige Wiesen, davon 11 ha im Herbst einmal beweidet, 5 ha Feldfutter (Luzernegras, Kleegras, Wechselwiese), 18 ha Hutweiden. Von den 35 ha Wiesen werden 2/5 und von den 5 ha Feldfutter 2/3 für den Eigenbedarf verwendet. Der Rest wird als Heu verkauft.

- Auf der um den Heuverkauf bereinigten Fläche von rund 39 ha werden ca. 1,03 GVE/ha gehalten bzw. der Flächenbedarf beträgt 0,98 ha/GVE.
  Winterfütterung von 20.10. bis 25.04, entspricht durchschnittlich ca. 190 Futtertagen.
  Verabreichtes Futter: Grassilage in Rundballen und Heu in Kleinballen ad libitum.
  Futterverzehr: 150 Siloballen à 500 kg (= 75.000 kg) und 3.000 Heu-Kleinballen à 16,7 kg (= 50.000 kg).

- Trockensubstanz-Berechnung:
  75.000 kg Anwelksilage mit 35% Trockensubstanz (TS) = 26.250 kg TS
  50.000 kg Heu mit 85% Trockensubstanz (TS) = 42.500 kg TS
  Summe: 68.750 kg TS
  68.750 kg TS : 190 FT : 40 GVE = rund 9 kg TS/FT und GVE.

- Mineralstoffgaben das ganze Jahr hindurch.
  Kein Kraft- oder Zusatzfutter. (Erfahrungswerte aus 9 Jahren)

Fallbeispiel 3

- Grünlandbetrieb im mitteleuropäischen Übergangsklima, mit 10,33 ha in mittelschwerem Gelände, extensive Bewirtschaftung, Biobetrieb.
  Seehöhe 428 m, Jahresniederschlag durchschnittlich 1.300 mm

- Wechselweiden 4 ha, 6,33 ha zweimähdige Wiesen mit Nachbeweidung im Herbst, Waldweide auf 3 ha möglich. Nach Möglichkeit auch Winterweide.

- Gehaltene Rasse: Hochlandrind
  Viehbesatz: 5 Mutterkühe, 1 Stier, die Nachzucht verbleibt 24–30 Monate am Hof, = durchschnittlich 13,5 GVE.
  Das sind 1,30 GVE/ha oder 0,76 ha/GVE.

- Winterfütterung von Mitte November bis Mitte April, entspricht durchschnittlich 150 Futtertagen (FT).
  Verabreichtes Futter: Wiesengras-Anwelksilage und Heu in Rundballen ad libitum.
  Futterverzehr: 25 Heuballen à 400 kg und 20 Siloballen à 660 kg.
  Drei bis vier Jungstiere, die für die Schlachtung bestimmt sind, erhalten auch in der Vegetationszeit eine Zufütterung mit Heu. Bedarf ca. 4 Rundballen = 1.600 kg.

- Trockensubstanz-Berechnung:
  13.200 kg Anwelksilage mit 35 % Trockensubstanz (TS) = 4.620 kg
  10.000 kg Heu mit 85 % Trockensubstanz = 8.500 kg
  Summe: 13.120 kg
  13.120 kg TS : 150 FT : 13,5 GVE = rund 6,50 kg TS/FT und GVE.

- Mineralstoffgaben das ganze Jahr hindurch.
  Kein Kraft- oder Zusatzfutter. (Erfahrungswerte aus mehr als 15 Jahren).

Gemäß den Bestimmungen für die biologische Wirtschaftsweise im ÖPUL war bei Silagefütterung bisher zusätzlich Heu anzubieten. Eine fachliche Begründung gab es dafür nicht. Seit 2009 darf nun auch einwandfreies Stroh als Rohfaserlieferant verwendet werden.

Manchmal siegt doch die Vernunft. Die Bergbauernberatung Südtirol empfiehlt z. B. ausdrücklich die Kombination von Stroh und energiereichem Futter zur Verbilligung des Grundfutters.

Die Differenzen im Futterverbrauch auf TS-Basis von 27,8% bzw. 18,8% bzw. 11,1% zwischen den drei Beispielen könnten ihre Ursachen im Klimaunterschied, in unterschiedlicher Futterqualität, in der Fütterungsart (Ausmaß des „Futterwüstens"), in der Haltedauer der Nachzucht und dem gehaltenen Rinderschlag haben. Tendenziell liegen sie aber ähnlich.

Bei extensiver, biologischer Bewirtschaftung, wie sie für das Hochlandrind vor allem infrage kommt, kann der Flächenbedarf auch nach der folgenden Faustformel ermittelt werden: 1 GVE benötigt je nach Standort 0,8–1,2 ha Futterfläche (Wiesen und Weiden) oder es können durchschnittlich 1,25–1,12 GVE pro Hektar gehalten werden. Der Flächenbedarf hängt natürlich von Bodenbonität und Klima ab. Je schlechter der Boden, je geringer die Jahresniederschlagsmenge, je ungünstiger also die Wachstumsbedingungen sind, umso höher wird der Flächenbedarf pro GVE sein.

Wirtschaftseigenes Raufutter steht bei der Fütterung an erster Stelle

Ein Merkmal der extrem extensiven Haltung und Fütterung ist die ganzjährige Weide- bzw. Freilandhaltung. Solange das Hochlandrind im Herbst seinen Futterbedarf auf der Weide decken kann und sobald es im Frühjahr das erste Grün auf der Weide findet, interessiert es sich im Regelfall kaum für zusätzlich angebotenes Futter. Mit Ausnahme natürlich von Ballastfutter zur Deckung des Rohfaserbedarfs. Dazu eignen sich Stroh oder grobes Heu besonders gut, da es von Hochlandrindern gerne die ganze Weideperiode über in kleinen Mengen aufgenommen wird. So kann auch der Weidedurchfall erfolgreich bekämpft werden. Betriebswirtschaftlich hat es keinen Sinn, das Hochlandrind über sein Leistungsvermögen hinaus mit Kraftfutter oder Maissilage zu füttern. Das wäre Aufwand ohne Gegenleistung.

Für Robustrinder kommt aus Kostengründen in erster Linie, wenn nicht sogar ausschließlich, wirtschaftseigenes Raufutter in Frage. Es wird in Form von Weidegras, Heu und Grassilage verabreicht. Die Rohfaserversorgung kann auch durch die Zufütterung von Stroh erfolgen.

Aus arbeitswirtschaftlichen und damit aus Kostengründen und wegen des Wetterrisikos bei der Heuernte kommt immer häufiger Ballensilage zum Einsatz. Die Arbeitskette zur Herstellung der Ballen ist voll mechanisiert. Außerdem wird das Futter dabei auf ein kleineres Volumen verdichtet. Die Handhabung der Siloballen ist auch bei der Verfütterung mit Front- und Heckgabel des Traktors leicht mechanisierbar und es sind keine Bergeräume für das Futter erforderlich. Die Siloballen erlauben einen sehr guten Überblick bezüglich der Ernte- und Vorratsmengen und sie lassen sich ausgezeichnet portionieren. Schließlich weist dieses Verfahren auch die geringsten Ernteverluste auf.

Weide und Weidezaun

Für Hochland- und Gallowayrinder eignen sich große Stand- oder Hutweiden besonders gut, auch die Haltung auf Wechselweiden ist empfehlenswert. Welche Weideform man wählt, hängt von der Flächenausstattung des Betriebes und dem Intensitätsgrad der Bewirtschaftung ab.

Der Elektrozaun ist die einfachste und kostengünstigste Begrenzung der Weidefläche

Hochlandrinder halten 43

„Eine gute Weide ist der beste Zaun." Wenn auch viel Wahrheit in diesem alten Bauernspruch steckt, wird es trotzdem erforderlich sein, die Weideflächen zweckentsprechend einzuzäunen. Die Wahl des Zaunsystems hängt von der Lage der Weideflächen, deren Größe, der Bewirtschaftungsform, dem Charakter der Herde und dem Sicherheitsbedürfnis des Viehhalters ab. Die einfachste und kostengünstigste Lösung ist und bleibt der Elektrozaun. Die Stromversorgung kann heute bei Bedarf sogar über Solarzellen erfolgen. Aber auch beim Elektrozaun stellt sich die Frage, ob man mit einem Strom führenden Band auskommt, oder ob zwei oder sogar mehrere Bänder erforderlich sind.

Je eher eine Weide die Eigenschaften einer Stand- und Winterweide aufweist, umso höher werden die Anforderungen an die Stabilität des Zaunes sein. Die Rinder halten sich auf Stand-, Hut- und Winterweiden nämlich nicht nur zum Grasen auf, es ist vielmehr ihr Hauptaufenthaltsort. Sie könnten schon allein aus Langeweile plötzlich den Drang verspüren auf Wanderschaft gehen zu wollen. Wird hingegen Wechselweide betrieben, kommt man mit einfacheren Zäunen aus. Wenn sich öffentliche Verkehrswege in der Nähe der Weideflächen befinden, muss der Weidezaun schon aus rechtlichen Gründen höchstmögliche Sicherheit bieten. Der Tierhalter ist schließlich für Schäden, die seine Tiere ver-

Alle Zäune sind regelmäßig auf ihre Funktionstüchtigkeit zu überprüfen

ursachen, zivil- und strafrechtlich voll verantwortlich. Aus diesen Gründen können auch stabilere und teurere Zaunformen notwendig sein. Infrage kommen Zäune aus Stangenholz, starken Latten oder auch aus Drahtgeflechten. Nur bitte nicht aus Stacheldraht! Der Zaun muss natürlich auch „kälberdicht" sein. Geht nämlich das Kalb auf Entdeckungsreise, folgt ihm die Mutter meist nach und schließlich bricht die ganze Herde aus. Kommen Tiere neu in den Betrieb dazu, so empfiehlt es sich, diese in einem fest eingezäunten Areal mehrere Tage lang einzugewöhnen. Dabei sollte Kontaktmöglichkeit zu schon vorhandenen Tieren bestehen. Grundsätzlich ist jede Art von Zaun regelmäßig zu kontrollieren und zu warten. Die Kosten für die Zaunerrichtung und -erhaltung sollten nicht unterschätzt und von Anfang an einkalkuliert werden.

Düngung und Pflege des Grünlandes

Da die Weide der Hauptaufenthaltsort von Robustrindern ist und die Dauerwiesen die Basis für die Winterfütterung darstellen, kommt deren Düngung und Pflege erhebliche Bedeutung zu. Als problematisch stellt sich, besonders bei biologischer Bewirtschaftung und ganzjähriger Freilandhaltung, die Versorgung mit Stickstoff (N) dar. Aber auch der Entzug von Phosphor (P_2O_5) und Kalium (K_2O) ist kaum mit wirtschaftseigenem Dünger ausgleichbar, was bei konventioneller Bewirtschaftung höchstens ein finanzielles Problem darstellt. Für den Biobetrieb bedeutet diese Nährstofflücke allerdings entsprechend niedrigere Erträge. Den Weideflächen wird vom Weidevieh Kot und Harn direkt zugeführt, allerdings nicht in ausreichender Menge. Der Tritt des Weidetieres wirkt sich positiv auf die Bodenoberfläche und die Pflanzengesellschaft aus. Der im Liegeraum, am Futter- und Tränkplatz anfallende Dünger, in fester oder flüssiger Form, ist in erster Linie den Dauerwiesen und erst in zweiter Linie den Weiden zuzuführen. Die im ÖPUL durchzuführende N-Bilanzierung zeigt bei extensiver Bewirtschaftung mit Robustrindern ganz deutlich das weite Auseinanderklaffen von kulturbezogenem Stickstoffbedarf und dem jahreswirksamen Stickstoffanfall.

Die Grünlandpflege beginnt im Frühjahr mit dem Einebnen von Maulwurfs- und Mausaufwürfen. Dazu eignen sich einfache Schleppen oder leichte Striegeleggen. Die Striegelegge entfilzt gleichzeitig die Grasnarbe und wirkt einem Pilzbefall durch Schneeschimmel entgegen. Im Verlauf des Weidebetriebes muss der stehengebliebene Bewuchs unter Umständen mehrmals gemulcht werden, um den neuen Aufwuchs zu fördern. Bei Dauerwiesen bewährt es sich, nach zwei Nutzungen einen schwachen dritten Aufwuchs zu mulchen. Unter Mulchen versteht man das Abmähen und Liegenlassen des Grasbewuchses.

Bei Bedarf kann eine Wiesenwalze zur Einebnung und Festigung des Bodens eingesetzt werden. Auftretende Problemunkräuter wie Ampfer, Disteln oder Hahnenfuß sind im Biobetrieb mechanisch und im konventionellen Betrieb chemisch zu bekämpfen. Ampfer tritt als Lichtkeimer in lückigen Grünlandbeständen auf. Sehr schädlich ist zu niedriges Abmähen oder Mulchen. Der so genannte „Rasierschnitt" verursacht Bestandslücken und schwächt die Gräser, sodass unter Umständen eine Sanierung der geschädigten Grünlandflächen durch Nachsaat notwendig wird.

Manchmal werden Pferde oder Schafe für die Vor- oder Nachbeweidung von Rinderweiden eingesetzt. Ziegen eignen sich ideal als kostengünstige Bioweidepfleger. Sie beseitigen Unkraut und sogar fortgeschrittene Verstaudungen.

Alpung

Für ganzjährig im Freien gehaltene Robustrinder hat die Alpung in einem höher gelegenen Weidegebiet, das getrennt vom Heimbetrieb genutzt wird, hinsichtlich Abhärtung, Muskeltraining und allgemein hinsichtlich der Gesundheit naturgemäß nicht jene Bedeutung wie für Stalltiere. Oft ist die Alpung allerdings aus wirtschaftlichen Gründen, wegen der vorhandenen Futter- und Weidekapazitäten und deren optimaler Ausnutzung notwendig. Wo die Möglichkeit zur Alpung besteht, sollte sie – zumindest für Jungvieh und Ochsen – genutzt werden. Die Lebensbedingungen auf einer Alm entsprechen jedenfalls den rassetypischen Eigenschaften des Hochlandrindes. Den Tierhaltungsvorschriften entsprechend, ist in Österreich die Alpung eigentlich die einzige Möglichkeit, Hochlandrinder noch eigenschaftsgerecht und nicht nach dem Milchviehstandard zu halten.

Organisation und Handhabung der Herde

Sowohl beim Weidegang als auch bei der Überwinterung ist zu überlegen, wie die Herde organisiert werden soll. Die natürliche Haltungsform für Robustrinder ist die Mutterkuh- und Familienhaltung. Bedingt durch ihre Spätreife und langsame Entwicklung und im Hinblick auf die vor dem Verkauf notwendige Beurteilung der Zuchttiere, sollte man diese erst ab einem Alter von 30 Monaten veräußern. Schlachtrinder werden oft 30–40 Monate gehalten. Es ist daher unbedingt erforderlich, den Herdenstier und die Jungstiere zeitgerecht von den weiblichen Jungtieren zu trennen. Es käme sonst zu einer unerwünschten und vorzeitigen Belegung der Kalbinnen, und die Jungstiere würden durch ihr Verhalten Unruhe in die Herde bringen. Mit künstlicher Besamung könnte zwar das Risiko der Frühbelegung ausgeschaltet werden, diese ist

Ein Fang- und Behandlungsstand gehört in jeden Zuchtbetrieb

aber bei ganzjähriger Freilandhaltung wesentlich schwieriger zu organisieren als bei Stallhaltung. Der Natursprung ist und bleibt demnach die einfachste, sicherste und billigste Methode. Zur Fleischproduktion stellt die Kastration der Stierkälber eine brauchbare Lösung dar. Als Nachteile muss man ihren damit verbundenen Entwicklungsknick, das etwas langsamere Wachstum und die schlechteren Ausschlachtungsergebnisse der Ochsen in Kauf nehmen.

Ganzjährig im Freiland gehaltene Rinder zeigen ein anderes Verhalten als Stalltiere. Auch für führige Rinder ist ein Fang- und Fixierstand für Untersuchungen, Behandlungen und zum Fangen der Tiere für den Abtransport notwendig. Der Fang- und Fixierstand ist jedenfalls für die regelmäßige Klauenkontrolle und auch für das eventuell notwendige Klauenschneiden verwendbar.

Gemäß Rinderkennzeichnungsverordnung ist der Halter verpflichtet, seine Rinder mit je zwei Ohrmarken ordnungsgemäß zu kennzeichnen, korrekt an die zentrale Rinderdatenbank zu melden und ein Bestandsverzeichnis korrekt zu führen und aufzubewahren. Diese Kennzeichnungsvorschriften gelten in allen EU-Mitgliedsstaaten. Die Schweiz hat sich diesen Regelungen angeschlossen.

Hochlandrinder sind an die wechselhaften Bedingungen in den Alpen optimal angepasst

Fruchtbarkeit und Brunst

Ein erheblicher Anteil der Erkrankungen und Fruchtbarkeitsstörungen von Rindern ist auf Versäumnisse und Fehler in ihrer Haltung zurückzuführen. Diese Versäumnisse und Fehler gilt es im Bedarfsfall aufzuspüren und nach Möglichkeit zu beseitigen. Fruchtbarkeit ist ein wesentliches Merkmal des gesunden Tieres. Außerdem ist sie eine der wichtigsten Voraussetzungen für erfolgreiche Mutterkuhhaltung und Fleischproduktion, soll doch die Mutterkuh jährlich ein gesundes Kalb zur Welt bringen und aufziehen. Faktoren wie Genetik, Ernährung, Klima, Herdenführung, Beleg- bzw. Besamungssystem und Infektionskrankheiten beeinflussen die Fruchtbarkeit unserer Rinder. Was die Fruchtbarkeit anbelangt, bringt das Hochlandrind grundsätzlich sehr gute genetische Voraussetzungen mit. Außerdem wirkt sich eine natürliche Haltung positiv auf die natürliche Fruchtbarkeit aus.
Die erste Brunst kann auch bei spätreifen Robustrassen schon im Alter von 10–12 Monaten auftreten. Unter Brunst versteht man die kurze Zeitspanne von ein bis drei Tagen, in welcher ein fruchtbares Rind trächtig werden kann. Es wird zwischen der Vor-, Haupt- und Nachbrunst unterschieden. Umgangssprachlich wird die Brunst oft „rindern" oder „stieren" genannt. Bereits die Vorbrunst kann man an typischen Merkmalen erkennen. Das weibliche Tier wird unruhig, nervös, beschnuppert andere Kühe und versucht auf diese aufzuspringen. Die Scham beginnt leicht anzuschwellen, Scheidenvorhof und Schamlippen zeigen eine leichte Rötung. Der ausfließende Schleim ist noch trüb und zäh. Sobald die Hauptbrunst beginnt, lässt sich das Tier von den Artgenossen bespringen. Dieses „Stehenbleiben" nennt man auch den „Duldungsreflex". Oft zeigen die Tiere auch eine vorübergehende Fressunlust. Der aus der Scheide ausfließende Brunstschleim wird nun glasklar, flüssiger und „zieht Fäden". Jetzt ist der optimale Zeitpunkt für eine Befruchtung erreicht. Der in der Herde mitgehende Stier wird nun der Kuh nicht mehr von der Seite weichen, bis er sein Ziel erreicht hat. Danach klingen die Brunstsymptome langsam ab. In dieser Phase kann es zum so genannten Abbluten kommen, wobei der ausfließende Schleim Blutspuren aufweisen kann. Dies ist ein Kennzeichen für den Abschluss der Brunst.
Nach einer erfolgreichen Befruchtung (Belegung) wiederholt sich die Brunst nicht. Sollte das Tier jedoch nicht trächtig geworden sein, so wiederholt sich die Brunst regelmäßig im Zeitraum von ca. 21 Tagen. Dieser Zyklus kann allerdings auch länger andauern und bis zu 28 Tage umfassen.

Abkalbung

Die Trächtigkeit, oder Gravidität dauert beim Rind 278–289 Tage. Im Durchschnitt sind es 285 Tage oder etwas mehr als 9 Monate. Fleischbetonte Rinderrassen tendieren zu einer eher längeren Trächtigkeitsdauer.
Die bevorstehende Abkalbung ist an verschiedenen Anzeichen erkennbar. Zunächst vergrößert sich das Euter, die Scham schwillt an und es tritt Schleim aus. Das Muttertier sondert sich von der Herde ab und liegt häufiger als sonst. Kurz vor der Geburt kann Milch aus den Zitzen austreten, es kommt zu einem „Einbrechen" der Beckenbänder beiderseits der Schwanzwurzel, was sich in kuhlenförmigen Vertiefungen äußert. Beim Einsetzen der Wehen

legt sich die Kuh nieder. Bald erscheint die Fruchtblase und darin Kopf und Vorderfüße des Kalbes. Das Auspressen des Kalbes dauert unterschiedlich lange. Wenn sich das Kalb nicht selbst von der Fruchtblase befreien kann, hilft das Muttertier nach, damit das Kalb Luft bekommt. Nun beginnt die Kuh mit dem Trockenlecken des Kalbes. Ein gesundes Kalb steht bald nach der Geburt auf, es findet instinktiv das Euter der Mutter und beginnt zu trinken. Die ausreichende Versorgung des Kalbes mit Kolostralmilch, die dafür sorgt, dass das Kalb von Geburt an immunisiert wird, ist in der Mutterkuhhaltung stets gegeben und damit systemimmanent. Die in der Milchviehhaltung empfohlenen und praktizierten Maßnahmen der Geburtshilfe und Hygiene sind beim Hochlandrind und Galloway kaum anwendbar und – sprechen wir das Sakrileg ruhig aus – wohl in den meisten Fällen auch nicht notwendig. Es dauert im Normalfall ein bis drei Tage bis sich die Mutterkuh mit ihrem Kalb wieder voll der Herde anschließt. Im Zuge von Weideabkalbungen kommt es allerdings immer wieder vor, dass Hochlandkühe ihre Kälber gut versteckt ablegen – umso größer ist dann die Freude des Züchters, wenn sich Mutter und Kalb gesund und munter in der Herde einfinden.

Problemgeburten sind häufig die Folgen von Haltungsfehlern. Dazu zählen vor allem ein zu üppiges Futterangebot und Bewegungsmangel. Ein schlechter Ernährungszustand der Kühe führt zu

Die Kolostralmilch dient dem Kalb zum Aufbau seines Immunsystems

Hochlandkühe betrachten das Abkalben als ihre Privatangelegenheit

niedrigeren Geburtsgewichten und zu leichteren Geburten. Eine alte Bauernregel besagt: „Fette Kälber, aber magere Kalbinnen und Kühe." Natürlich können Problemgeburten auch genetisch bedingt sein. Wenn sich eine Problemgeburt abzeichnet, ist es für den Neuzüchter ratsam, einen erfahrenen Geburtshelfer oder den Tierarzt beizuziehen. Auch erfahrene Züchter und Halter werden bei ausgesprochenen Problemgeburten nicht auf den Tierarzt verzichten können. Da ganzjährig im Freiland gehaltene Hochlandrinder im Normalfall nicht so gut an den Menschen gewöhnt sind wie Stalltiere anderer Rassen, gestaltet sich eine notwendige Geburtshilfe oft schwierig. Kühe, bei denen wiederholt Problemgeburten auftreten, entsprechen nicht dem Zuchtziel. Sie sind daher aus der Herde zu entfernen. Wenn bei einer Mutterkuh die Nachgeburt mehrmals nicht abgeht, ist auch das als Problemgeburt zu werten. Den Zeitraum zwischen zwei Abkalbungen nennt man Zwischenkalbezeit (ZKZ). Sie zählt zu den Merkmalen der Fruchtbarkeit. Angestrebt wird eine durchschnittliche Zwischenkalbezeit von 12–13 Monaten. Theoretisch könnten Kühe bereits 15–30 Tage nach dem Abkalben wieder aufnehmen. Speziell bei Mutterkühen dauert es aber im Mittel 70–75 Tage bis eine neuerliche Trächtigkeit eintritt. In diesem Fall würde die Zwischenkalbezeit nicht ganz 12 Monate betragen. In der Praxis beträgt der durchschnittliche Zeitraum bis zur nächsten Abkalbung aber 11–16 Monate. In Deutschland angestellte Untersuchungen haben ergeben, dass eine extreme Fleischleistung mit der Fruchtbarkeit negativ korreliert.

Tiergesundheit

Der Parasitenbekämpfung kommt bei ganzjähriger oder überwiegender Freilandhaltung besondere Priorität zu. Versäumnisse und Fehler auf diesem Gebiet ziehen nicht nur Entwicklungsstörungen und verminderte Gewichtszunahmen nach sich, sie können sogar zum Tod der Tiere führen. Neben dem Tierleid geht es also um massive wirtschaftliche Auswirkungen.

Bei den Innenparasiten oder Endoparasiten handelt es sich vor allem um Magen-Darm-Würmer, Lungenwürmer und Leberegel. Verwurmungen treten ausschließlich in der Weideperiode auf. Dagegen hilft nur eine regelmäßige Entwurmung der Tiere. Leberegel treten insbesondere dann auf, wenn die Weiden Nassstellen (Staunässe) aufweisen. Nassstellen, auch solche im Bereich der Tränke, sollten daher beseitigt werden. Durch regelmäßige Kotuntersuchungen ist die Notwendigkeit einer Behandlung gegen Leberegel rechtzeitig feststellbar.

Außenparasiten oder Ektoparasiten (Hautparasiten) finden bei Freilandrindern und speziell im rassetypischen, dichten Haarkleid des Hochlandrindes ideale Lebensbedingungen. Es handelt sich dabei um Läuse, Haarlinge, Zecken, Dassellarven und Räudemilben. Durch den Parasitenbefall werden Hauterkrankungen ausgelöst. Der damit verbundene Juckreiz führt zu Unruhe in der Herde, zu Hautschorfbildung und zu Haarausfall. Vor allem Wei-

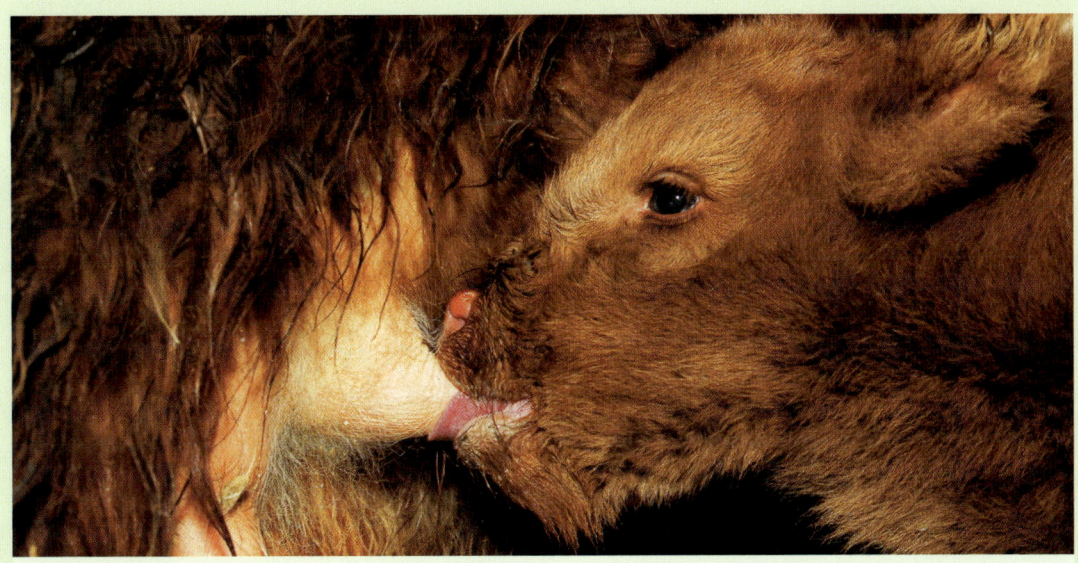

Das Kalb steht bald nach der Geburt auf, um zu trinken

detiere müssen regelmäßig auf Parasiten kontrolliert, und wenn erforderlich, behandelt werden, wobei die Bekämpfung durch Injektionen oder Sprühbehandlung erfolgen kann. Der Erfolg ist nur dann gesichert, wenn die ganze Herde behandelt wird. Zugekaufte Tiere sollten grundsätzlich einer Parasitenbehandlung unterzogen werden, auch wenn sie aus gesunden Beständen kommen.

Der Entwicklungszyklus von Parasiten kann durch Maßnahmen der Stall- und Weidehygiene, wie beispielsweise Umtriebsweide, geringe Besatzdichte, Zwischenmahd, Trockenlegung von Feuchtstellen, Strohzufütterung, keine Bodenfütterung, unterbrochen oder zumindest gebremst werden. Allerdings nur dort, wo sich die Haltungsbedingungen von Hochlandrindern nur unwesentlich von jenen anderer Rinderrassen unterscheiden.

Kälberkrankheiten in Form von Erkrankungen des Verdauungstraktes (Durchfall) und der Atmungsorgane (Kälbergrippe) treten häufig in den ersten Lebenswochen auf. Bei weitgehender oder ganzjähriger Freilandhaltung lassen sich die Ursachen dafür nur schwer oder gar nicht ausschalten. Das Kalb hat sich der Lebensweise der Mutterkuh anzupassen und muss auch mit ungünstigen Bedingungen fertigwerden.

Allerdings setzt hier die robuste Gesundheit des Hochlandrindes dem Krankheitsrisiko natürliche Grenzen. Da Hochlandkühe ihre Kälber auch im Winter bei Schnee und Nässe, meist ohne menschliche Assistenz, vorzugsweise unter freiem Himmel zur Welt bringen, ist es müßig von peinlicher Sauberkeit bei der Geburt, besonderer Hygiene, Nabeldesinfektion, zugfreien, trockenen, üppig

Robustrinder sind weniger krankheitsanfällig als andere Rinder

eingestreuten, abgesonderten Abkalbeplätzen, Stallklima und Zugluft zu reden. Bei der für Hochlandrinder vorherrschenden Haltungsform können nur Vorbeugemaßnahmen vor Kälberverlust schützen. Sicher wird man tun, was unter den gegebenen Umständen möglich ist. In der Praxis hat es sich bewährt, dem neugeborenen Kalb vorbeugend ein Gammaglobulinpräparat (Antikörper) und gleichzeitig einen Vitaminmix (A/D/E) zu injizieren. Damit erreicht man eine allgemeine Immunisierung, zum Beispiel auch gegen Kälberlähme, erhöht die Widerstandskraft der Kälber und hält Kälberverluste in Grenzen. In der Mutterkuhhaltung ist jeder Kälberverlust doppelt schmerzhaft. Als verkaufbares Produkt steht ja, neben den Altkühen und eventuell Altstieren, nur das Kalb zur Verfügung.

Es kommt vor, dass eine Kuh ihr Kalb nicht annimmt, also nicht saugen lässt. In diesem Fall muss man Kuh und Kalb von der Herde absondern und mit viel Geduld versuchen, die Kuh an das Kalb zu gewöhnen. Manchmal findet das Kalb nicht zum Euter der Mutter, kann nicht saugen und droht zu verhungern. Auch in diesem Fall werden Mutterkuh und Kalb abgesondert. Sodann wird man versuchen, das Kalb zum Euter hinzuführen. Sollte das Kalb 12 Stunden nach der Geburt noch immer nicht trinken, muss Kolostralmilch beschafft und dem Kalb mit einer Saugflasche verabreicht werden. Danach sollten aber die Versuche, das Kalb an die Mutter oder die Mutter an das Kalb zu gewöhnen, fortgesetzt werden. Bleibt man damit erfolglos, muss das Kalb mit der Flasche bzw. später mit dem Saugeimer aufgezogen werden.

5 Überlegungen zur Wirtschaftlichkeit

Für die Wirtschaftlichkeit des Hochlandrindes gibt es keine allgemein gültige Aussage und kein Rezept. Es kommt darauf an, welche Menge verkaufsfähiger Produkte – Fleisch und Lebendtiere –, in welcher Zeit und zu welchen Kosten hergestellt werden können. Die lange Nutzungsdauer der Hochlandkühe, eine Folge ihrer Langlebigkeit, trägt ganz wesentlich zur Wirtschaftlichkeit des Hochlandrindes bei. Es werden dadurch die Kosten für die Bestandsergänzung niedrig gehalten und auf einen längeren Zeitraum verteilt. Voraussetzung für die Wirtschaftlichkeit des Hochlandrindes sind hohe Reproduktionsraten, gute Gewichtszunahmen, minimaler Aufwand für Gebäude, Haltungseinrichtungen und Futter sowie entsprechende Produktpreise bei moderaten Vermarktungskosten. Interessante Produktpreise sind nur über die Direktvermarktung – möglichst als Bioware – und über die Weiterverarbeitung des Fleisches erreichbar. Die Wertschöpfung muss im vollen Umfang beim Produzenten bleiben. Von herkömmlichen Vermarktungswegen ist daher abzuraten.

Die Kostensituation ist in hohem Maße auch von den gesetzlichen Rahmenbedingungen der Rinderhaltung abhängig. Wird der staatlichen Regulierungswut weiterhin freier Lauf gelassen, könnte das im Extremfall das Ende der extensiven Viehwirtschaft bedeuten. Die ständig steigende Belastung durch zusätzliche Auflagen in der Haltung bei gleichzeitiger Rücknahme der Förderungen für die ökologische Bewirtschaftung, entzieht dieser Wirtschaftsweise die Basis. Falls Robustrinderzüchter gezwungen werden, die Haltung ihrer Rinder noch stärker der anspruchsvollen Milchviehnorm anzugleichen, ist mit diesen kaum noch ein Erfolg zu erwirtschaften. Dadurch könnte die extensive, umweltfreundliche Bewirtschaftung von Grünland mit Robustrindern unattraktiv gemacht werden. Haltungsrichtlinien in Form der „Mindeststandards für die Rinderhaltung", die in derselben Form für das Mais-Weinklima der Südsteiermark, wie für das alpine Klima des hinteren Ötztals bzw. für die empfindliche Hochleistungs-Milchkuh wie für den robusten Schlachtochsen gelten, sind praxisferne Alibi-Regelungen.

Produktionsmengen

Die mit Robustrindern zu erreichenden Produktionsmengen an Qualitätsrindfleisch sind weitgehend von der Natur vorgegeben und nicht beliebig veränderbar. Hochlandrinder und Galloways sind spätreif und entwickeln sich langsam, Tageszunahmen und Endgewichte sind limitiert. Sie gehen aus der nachfolgenden Tabelle hervor. Höhere Gewichte lassen sich über längere Haltungszeiträume und Intensivfütterung erzielen.

Diese kosten allerdings zusätzliches Geld. Spielraum hat der Züchter bei den Aufwendungen und bei den zu erzielenden Preisen. Aufwandseitig ist zu beachten, dass möglichst kostengünstig erzeugtes, wirtschaftseigenes Futter zur Verfügung steht. Der Betreuungsaufwand lässt sich durch sinnvolle Einrichtungen und organisatorische Maßnahmen auf ein Minimum reduzieren. Das Gebäude- und Maschinenkapital ist so niedrig wie möglich zu halten, da jede Investition kalkulatorische Zinsen und Abschreibungen nach sich zieht. Außerdem fallen Betriebs- und Reparatur-, womöglich auch noch Finanzierungskosten an. Gebäudeinvestitionen rechnen sich bei extensiver Bewirtschaftung kaum, aber auch bei Maschineninvestitionen sind größte Zurückhaltung und Vorsicht geboten.

Ergebnisse der Fleischleistungskontrolle beim Hochlandrind

Jahr	Gewicht in kg 365 Tage M	Tageszunahme in dag 365 Tage M	Gewicht in kg 365 Tage W	Tageszunahme in dag 365 Tage W
2004	244,7	59,20	225,9	54,40
2005	246,2	59,62	222,6	53,38
2006	256,0	62,24	228,0	54,85
2007	252,0	61,20	230,0	55,60
2008	257,0	62,40	232,0	55,90
Ø	251,18	60,93	227,7	54,83

Gewicht nach 365 Tagen, Tageszunahme in 365 Tagen, M = männlich, W = weiblich
(Quelle: ZuchtData-Rinderdatenverbund)

Die Menge des zum Verkauf stehenden Fleisches und der erzielbare Bruttoerlös sind nach der alten, für das Hochlandrind adaptierten Viehhändlerformel überschlagsweise zu errechnen. Man kann dabei vom Lebendgewicht oder vom Schlachtgewicht ausgehen.

> **Berechnung des Bruttoerlöses**
> Lebendgewicht × 0,5 Ausschlachtung
> × 0,7 Fleischanteil × Preis/kg
> = € Bruttoerlös

Dabei werden für das Hochlandrind eine Ausschlachtung von 50% und ein Anteil verkaufbaren bzw. verarbeitbaren Fleisches von 70% unterstellt. Auf Preisbasis 2009 sind in der Direktvermarktung Durchschnittserlöse von € 15,– bis € 16,–/kg erzielbar. Beispiel: 612 kg × 0,5 × 0,70 × € 15,50 = € 3.320,10 Bruttoerlös für ein Rind. Davon sind die Kosten für Schlachtung, Zerlegung und Kühlung in Höhe von ca. € 400,– abzuziehen. Außerdem können noch Kosten für Verpackung und Auslieferung anfallen.

Zuchtvieh, Nutzvieh, Schlachtvieh

Neben der Qualitätsfleischproduktion ist natürlich der Verkauf von Zucht- und Nutzrindern eine Option, die deutlich zum Betriebserfolg beitragen kann. Um erstklassige Zuchttiere zu erzeugen, benötigt man viel Fachwissen, Zeit, Risikobereitschaft, internationale Kontakte und ein entsprechendes Startkapital. Es ist klar, dass die hohen Ansprüche des Zuchtviehmarkts nur mit erstklassigen Stieren und besten Stiermüttern bzw. Mutterkühen befriedigt werden können. Die Zuchtviehproduktion ist nicht unbedingt das geeignete Geschäftsfeld für den kleinen Nebenerwerbsbauern. Obwohl natürlich auch aus solchen Betrieben – bedingt durch das züchterische Talent des Betriebsinhabers oder durch glückliche Umstände – erstklassige Zuchttiere hervorgehen können.
Leichter ist die Erzeugung von Nutztieren in Form

Von Natur aus haben Hochlandrinder ein freundliches Wesen

von „Einstellern", Jungrindern, die verkauft werden und einem anderen Betrieb („Einstellbetrieb") für die Fleischproduktion dienen. Allerdings hat sich bei den Hochlandrinderzüchtern die Differenzierung in Züchter, Nutz- und Schlachtrinderproduzenten noch nicht durchgesetzt, sodass es kaum einen funktionierenden Markt für Einsteller gibt. Schlachtrinder sollen tunlich in die Direktvermarktung gehen, nur auf diesem Wege sind einigermaßen befriedigende Preise zu erzielen.

Wie überall in der Wirtschaft gilt auch im Viehbereich das Gesetz von Angebot und Nachfrage. Über den Zuchtviehmarkt und die in diesem Bereich erzielbaren Preise kann aufgrund der Vielschichtigkeit des Marktes keine allgemein gültige Aussage gemacht werden. Einfacher liegen die Dinge beim Nutzviehgeschäft. Zum einen gibt es Anhaltspunkte hinsichtlich der Preise für Einsteller anderer Rassen, zum anderen mag als Leitlinie gelten, dass ein als Nutztier verkauftes Jungrind mindestens den in Eigenvermarktung erzielbaren Fleischwert bringen muss.

Die Kunst des extensiven Wirtschaftens

Bei der extensiven Wirtschaftsweise besteht die Kunst darin, Aufwendungen zu minimieren oder überhaupt zu vermeiden. Praxisgerecht ausgedrückt heißt das:

> Die unbedingt erforderlichen Aufwendungen sind an die möglichen Erlöse anzupassen.

Die Höhe der Erzeugungskosten bestimmt jeder Produzent, natürlich im Rahmen der vorgegebenen allgemeinen Bedingungen, selbst. Das gilt für die extensive Fleischproduktion ebenso wie für den extensiven Ackerbau in Trockengebieten und schließlich auch für den gesamten Biolandbau. Hinweise, wie dieser Weg zu finden ist, wurden in mehreren der bisher behandelten Kapitel gegeben. Auf eine Modellberechnung der Produktionskosten muss hier im Hinblick auf die von Betrieb zu Betrieb sehr unterschiedlichen Voraussetzungen sowie mangels ausreichender spezifischer Betriebsdaten verzichtet werden. Einzelkalkulationen auf Basis von theoretischen Durchschnitts- und Tabellenwerten führen unweigerlich zu falschen und irreführenden Ergebnissen. Jedem Produzenten kann nur ausdrücklich geraten werden, seine Produktionskosten durch Gegenüberstellung von Gesamtkosten und Gesamtleistungen seines Betriebes individuell zu ermitteln.

In jüngster Zeit kommt es zu einer Wiederentdeckung der altbewährten Methode des sparsamen, extensiven, nachhaltigen Wirtschaftens, das seinerzeit bäuerliches Allgemeingut war, im allgemeinen Wachstumsrausch aber in Vergessenheit geriet. Unter der griffigen Bezeichnung „low input" befasst sich nun sogar die Agrarwissenschaft damit. Das „landwirtschaftliche Rad" wird somit auf wissenschaftlicher Basis neu erfunden.

6 Hochlandrinder züchten

Unter Zucht versteht man die vom Menschen kontrollierte Fortpflanzung von Tieren und Pflanzen mit dem Ziel erwünschte Eigenschaften zu verstärken oder zu erhalten, beziehungsweise unerwünschte Eigenschaften abzuschwächen oder zu eliminieren, oder das genetische Ausgangsmaterial umzuformen. Um das definierte Zuchtziel zu erreichen, werden aus einer Population Individuen mit erwünschten Eigenschaften ausgewählt und gezielt gepaart. Reinzucht, Inzucht, Kreuzungszucht und Gebrauchskreuzungen sind zu unterscheiden.

Bei der **Reinzucht** werden nur Tiere derselben Rasse gepaart. Sie dient der Erhaltung und Vermehrung der betreffenden Rasse. Dabei werden sowohl die äußeren Merkmale als auch die Anlagen für die gewünschten Nutzungseigenschaften sicher auf die Nachzucht vererbt. Unter Reinzucht in offener Population versteht man die Paarung von nicht verwandten Individuen. Für die Reinzucht in geschlossener Population zieht man hingegen miteinander blutsverwandte Tiere heran. Diese Methode wird auch als **Inzucht** bezeichnet. Auch sie stellt eine anerkannte Zuchtmethode dar, bei der mit sehr hoher Wahrscheinlichkeit gleiche genetische Anlagen zusammentreffen. Das Zusammentreffen und Kumulieren von reinerbigen Anlagen kann einerseits zu erwünschten, besonders leistungsfähigen oder aber zu unerwünschten, krankhaften, negativen Genkombinationen führen. Im letzteren Fall spricht man von Inzuchtdepression. Das heißt, die Population degeneriert, zeigt abnehmende Fruchtbarkeit, Leistungsschwäche, Krankheitsanfälligkeit und es treten Erbkrankheiten auf. Inzucht wird nur in speziellen Programmen eingesetzt. Früher verglich man die Inzucht gerne mit dem Rasiermesser in der Hand des Affen.

Unter den Begriff **Kreuzungszucht** fällt unter anderem die Veredelungskreuzung, bei der in Reinzuchtpopulationen ausnahmsweise auch Tiere anderer Rassen eingekreuzt werden. Eine weitere Methode ist die Verdrängungskreuzung. In diesem Fall werden immer wieder Tiere derselben Rasse in eine Rasse eingekreuzt, bis die ursprüngliche Rasse durch die eingekreuzte Rasse verdrängt ist. Endpunkt der Verdrängungskreuzung ist eine neue Reinzuchtpopulation. Innerhalb aller bisher aufgezählter Zuchtmethoden ist die Selektion oder Zuchtauslese das unverzichtbare Werkzeug zur Erreichung des gesetzten Zuchtziels.

Bei der **Gebrauchskreuzung** paart man gezielt Individuen verschiedener Reinzuchtrassen. Es gibt Zwei-, Drei- und Vierrassenkreuzungen. Das wichtigste Merkmal der Gebrauchskreuzung ist der Umstand, dass mit den Endkreuzungsprodukten nicht mehr weitergezüchtet wird. Die Selektion kann also nur in den ursprünglichen Reinzuchtpopulationen stattfinden. Als besonderes Geschenk der Natur tritt bei der Kreuzung von Reinzuchtrassen der Heterosis-Effekt auf, auch „Luxurieren der Bastarde" genannt. Ausgelöst durch die betonte Mischerbigkeit der Nachkommen, übertreffen diese in der Vitalität und Leistungsfähigkeit die Eigenschaften der Elterntiere. Die Hybridzucht stellt eine wichtige Sonderform der Gebrauchskreuzung dar. In diesem Fall werden als Ausgangsmaterial Inzuchtlinien verwendet. Bei der in der Pflanzenzucht, aber auch in der Schweine- und Geflügelzucht zur Anwendung kommenden Hybridzucht, lassen sich, durch die rigorose Selektion in den Inzuchtlinien, die angestrebten Heterosis-Effekte verstärken und besser voraussagen.

Für den Zucht- und Nutztiere produzierenden Hochlandrinderzüchter wird aus naheliegenden Gründen zunächst nur die Reinzucht infrage kommen. Auch die jeweiligen Züchterorganisationen, in Österreich also die ARGE Hochlandrind, haben sich vorzugsweise mit der Förderung und Steuerung der Reinzucht des Hochlandrindes zu befassen. Als züchterisches Instrument dient hier die Definition und Festlegung eines Zuchtzieles in Abstimmung mit der Arbeitsgemeinschaft österreichischer Fleischrinderzüchter. Unter dem Dach der ARGE Hochlandrind, die derzeit fast 400 Mitglieder zählt, entfalten in fast allen österreichischen Bundesländern eigene Landesvereine ihre Tätigkeit. Die Richtlinien der ARGE Hochlandrind haben in ganz Österreich Gültigkeit. Das Reglement für Deutschland und die Schweiz entnehmen Sie bitte den entsprechenden Kapiteln im Anschluss.

Der Lohn guter Zuchtarbeit

Hochlandrinder züchten

Zuchtziel

Eine ökologisch ausgerichtete Zucht orientiert sich an ethisch, ökologisch und ökonomisch langfristig vertretbaren Zuchtzielen. Anzustreben ist eine für das Tier und die Umwelt vertretbare Leistung, verbunden mit größtmöglicher Anpassungsfähigkeit und einer hohen Produktqualität, der die Quantität untergeordnet ist.
Der Vorstand der Arbeitsgemeinschaft Österreichischer Hochlandrinderzüchter hat in seiner Sitzung vom 22.11.2003 das folgende Zuchtziel beschlossen:

Beibehaltung aller rassetypischen Eigenschaften und Merkmale wie im Standard (Rassebeschreibung) beschrieben. (siehe Kapitel Rassebeschreibung)
Besonders darauf zu achten ist, dass bei extensiver Haltung die bestmöglichen Zuwachsraten erzielt werden können, jedoch die Langlebig- und Leichtkalbigkeit erhalten bleiben muss. Jede züchterische Bemühung, aus dem Hochlandrind eine Intensivrasse zu machen, ist abzulehnen. In günstigen Gebieten wird man den etwas größerrahmigen Typ anstreben, während sich für Gebirgslagen der kleine und leichtere Typ besonders eignet.
Allgemein: *Das Hochlandrind lebt in ganzjähriger Freilandhaltung und hat ein sehr breites Einsatzspektrum, was auch Unterschiede in seiner Ausprägung bedingt (u.a. Futtergrundlage, Haltungsform, geografische Anpassungsnotwendigkeit). Eine Stallhaltung ist nicht artgerecht, wobei freilich den Tieren genügend Unterstandsmöglichkeiten zur Verfügung stehen müssen. Die Fütterung außerhalb der Vegetationszeit erfolgt mit Raufutter (Heu) und Grassilage. Die ausreichende Versorgung mit Mineralstoffen und gutem Wasser ist selbstverständlich.*
Stiere: *Zuchtstiere haben dem Idealbild des Standards weitestgehend zu entsprechen und müssen angekört sein. Das Mindestalter für die Körung ist 20 Monate. Von den möglichen Körklassen (IIb, IIa, Ib, Ia) muss zur Zuchtgenehmigung mindestens die Körklasse IIb erreicht werden.*
Zur Körung sind Leistungsprüfungsergebnisse des Fleischrinderzuchtverbandes nachzuweisen. Als Mindesterfordernis gelten dazu die österreichischen Durchschnittsergebnisse des betreffenden Jahres. Für Stiere, die nur zur Produktion von Fleischrindern dienen, besteht keine Körpflicht.
Kühe: *Wir unterscheiden zwischen normalen und dem Standard genügenden, gesunden Kühen und Stier-Mutterkühen. Letztere entsprechen im hohen Maß dem Ideal des Standards. Sie haben vor allem keine Farbfehler, absolut regelmäßige Hörner, beste Klauen und ein überaus korrektes Euter. Sie sind gutmütig, fruchtbar, leichtkalbig und haben allgemein allerbeste Muttereigenschaften. Schwerkalbende Kühe sind als Stiermütter unerwünscht. Erstbelegungen sollen aufgrund des langsameren Wachstums keinesfalls vor einem Alter von 24 Monaten erfolgen.*
Österreich verfügt über eine mehr als ausreichende genetische Vielfalt bei im Durchschnitt und im internationalen Vergleich hoher Zuchttierqualität. Aufgrund der Sicherstellung des hohen Gesundheitsstatus der österreichischen Hochlandrinderzucht sind Importe aus dem

Ausland nicht erwünscht. Das Charakteristikum der Hochlandrinderzucht ist die Freilandhaltung in kleinen oder größeren Herden mit einem Zuchtstier. Künstliche Besamungen widersprechen dieser Haltungsform und sind nur in Ausnahmefällen mit einem anerkannten Zuchtstier gestattet. Embryo-Transfers sind nicht erlaubt.

Unter der geheimnisvollen Bezeichnung „Blutlinie" ist die dokumentierte Abstammung eines Zuchttieres von einem bestimmten, meist besonders leistungsfähigen Vorfahren zu verstehen. In manchen Bereichen der Tierzucht wird darunter lediglich die nachweisliche Abstammung von einem berühmten Ausstellungssieger verstanden. Die Zugehörigkeit zu einer bestimmten Blutlinie kann, muss aber nicht, die besondere Qualität bzw. Leistungsfähigkeit eines Zuchttieres bedeuten.

Als Stiermütter werden Herdebuchkühe bezeichnet, die besonders hohen Qualitäts- und Leistungsanforderungen entsprechen. Die Auswahl erfolgt nach rassespezifisch definierten Mindestanforderungen.

Da das Hochlandrind spätreif ist, werden Stiere erst ab einem Alter von 20 Monaten geköhrt. Es ist daher zumindest irreführend zwölf- bis neunzehnmonatige, ungekörte Stierkälber schon als Zucht- oder Besamungsstiere zu deklarieren und zu bewerben. Nur ein angekörter Stier ist als Zuchtstier zu bezeichnen.

Das Hochlandrind sucht die Nähe des Menschens

Zuchtdaten und Zuchtziele des Hochlandrinds im Vergleich

Land Merkmale	Österreich		Deutschland		Schweiz	
	weiblich	männlich	weiblich	männlich	weiblich	männlich
Widerristhöhe cm	110–125	115–130	110–120	125–135	110–120	120–130
Standardgewicht kg	480–650	700–900	400–580	650–750	400–450	500–900
Geburtsgewicht kg	22	28	20–25	23–30	k. A.	k. A.
365-Tage-Gewicht kg	220	250	190–250	220–300	k. A.	k. A.
Erstkalbalter Monate	> 36	–	um 40	–	um 36	–
Definiertes Zuchtziel	Erhaltung der rassetypischen Merkmale und Eigenschaften Quellen: Arge Fleischrinder/ ARGE Hochlandrind, Österreich		Keine grundlegende Veränderung der Genetik (Interpretation aus Umschreibungen) Quelle: Verband deutscher Highland Cattle Züchter und Halter		Gemäß der Rassebeschreibung Quelle: The Highland Cattle Society, Switzerland Section	

(Quelle: Dipl.-HLHF-Ing. Wolfgang Müller)

Zuchtwertschätzung

Die im Durchschnitt bei den Nachkommen eines Nutztieres wirksamen Erbanlagen bezeichnet man als Zuchtwert. Die Zuchtwertschätzung ist also ein Maßstab für die genetische Qualität eines Nutztieres. Mit ihr wird zum Ausdruck gebracht, um wieviel besser oder schlechter die Nachkommen eines Zuchttieres im Bezug auf ein oder mehrere (Leistungs-) Merkmale sein werden, als das Mittel der gegenständlichen Population. Die Leistung eines Tieres wird sowohl von seinen Erbanlagen als auch von den Umweltbedingungen, unter denen die Leistung zu erbringen ist, beeinflusst. Den Maßstab für die Erblichkeit von Eigenschaften, bei deren phänotypischer Ausbildung sowohl die Genetik als auch Umwelteinflüsse mitwirken, bezeichnet man als Heritabilität. Beim Fleischrind sind Zuchtwertschätzungen hinsichtlich Fleisch, Gebrauchskreuzungszuchtwert, Geburts-, 200-Tage-, und 365-Tage-Gewichte, Fitnessmerkmale sowie der Mutterkuh- bzw. Fleischrinder-Gesamtzuchtwert, der auch Milchleistungsmerkmale enthält, von besonderer Bedeutung. Die geschätzten Zuchtwerte für relevante wirtschaftliche Merkmale sind wichtige Hilfsmittel für die Selektion. Da es sich bei der Zuchtwertschätzung um eine statistische Methode handelt, ist ihre Genauigkeit von der Qualität der zur Verfügung stehenden Daten abhängig. In Österreich befindet sich die Zuchtwertschätzung für Fleischrinderrassen derzeit noch im Aufbau. Aus den Daten der Leistungsprüfung werden für die einzelnen Rassegruppen (groß-, mittel- und kleinrahmig) standardisierte, also altersbereinigte

Gewichte errechnet. Die für die Leistungsprüfung vorgeschriebenen Wiegungen erfolgen unter Aufsicht des jeweiligen Zuchtverbandes. Die Geburtsgewichte hingegen hat der Züchter selbstständig zu erfassen, was – zumindest bisher – eine nicht unbedeutende Fehlerquelle darstellte.

Fleischrinderzucht in Österreich

Die österreichischen Hochlandrinderzüchter wollen gemäß ihrem offiziellen Zuchtziel, das sich an den hier vorherrschenden natürlichen Gegebenheiten orientiert, die ursprünglichen Eigenschaften des Hochlandrindes erhalten. Allerdings gibt es einige Züchter, die davon abweichend mit dem in der äußeren Erscheinung veränderten, großrahmigeren, schwereren und daher anspruchsvolleren kanadischen Typ des Hochlandrindes experimentieren. Der kanadische Typ des Hochlandrinds ist durch gezielte Selektion entstanden. Seine Vorfahren entsprachen noch vor wenigen Generationen dem schottischen Typ. Daher können Tiere des kanadischen Typs Nachkommen hervorbringen, die wieder dem schottischen Typ entsprechen.

In Österreich fällt Tierzucht in die Kompetenz der Bundesländer. Herdebuchführung, Körung von Stieren und Ausstellung der Abstammungsnachweise obliegen daher den für die Fleischrinderzucht zuständigen Zuchtverbänden in den jeweiligen Bundesländern. Die einzelnen Landesverbände sind Mitglieder der „Arbeitsgemeinschaft österreichischer Fleischrinderzüchter". Diese hat folgende Aufgaben:

– Interessensvertretung der österreichischen Fleischrinderzüchter
– Betreuung und Beratung in allen Angelegenheiten der heimischen Fleischrinderzucht
– Festlegung von allgemein gültigen Richtlinien in züchterischen, organisatorischen und absatztechnischen Fragen
– Förderung des Viehabsatzes durch Erstellung, Weitergabe und Verbreitung von Informationen, Fachpublikationen und Organisation von Fachveranstaltungen.

Ein blondes Kraftpaket

Als Interessensvertretung aller österreichischen Rinderzüchter fungiert die „Zentrale Arbeitsgemeinschaft österreichischer Rinderzüchter (ZAR)". Deren Tochtergesellschaft, die „ZuchtData EDV Dienstleistungs Ges.m.b.H.", ist für die Speicherung und Verarbeitung der Leistungsprüfungs- und Herdebuchdaten zuständig. Weiters bestehen in allen Landeslandwirtschaftskammern Tierzuchtabteilungen, die der praktischen Landwirtschaft als Beratungsstellen zur Verfügung stehen.

Während im angelsächsischen Raum das Hochlandrind in vielen erfolgreichen Gebrauchskreuzungsprogrammen zu finden ist, gibt es in Österreich kaum Ansätze und Erfahrungen auf diesem Gebiet. Auch bei anderen Rassen sind solche Programme eher selten zu finden. Als Ausnahme sei das seit vielen Jahren erfolgreich laufende Gebrauchskreuzungsprogramm „Fleckviehkuh × Limousinstier" zur Erzeugung von „Styria-Beef®" angeführt.

Vor etwas mehr als zehn Jahren begann eine innovative Züchterin in der Steiermark Hochlandkühe mit Limousinstieren zu kreuzen. Die Kreuzungsprodukte der F1-Generation waren großrahmiger, feinknochig, gut bemuskelt, harmonisch im Körperbau, raschwüchsig, hatten den kleinen Kopf des Vatertiers sowie alle guten Eigenschaften der Hochlandmutter wie Genügsamkeit und Winterhärte. Die Abkalbungen verliefen zu 100 Prozent problemlos. Für den bis dahin Reinzucht betreibenden Bio-Betrieb war die außerordentliche Robustheit und Vitalität der Kreuzungskälber überraschend. Sie standen in der Fleischqualität dem reinrassigen Hochlandrind in nichts nach.

Als Einsteller verkauft, brachten sie auf ungünstigen Standorten, bei ausschließlicher Verabreichung von Raufutter und Weidegang, ausgesprochen gute Zuwachsleistungen, die zwischen 0,85–0,95 kg/Tag lagen, im Durchschnitt also 0,90 kg/Tag betrugen. Diese gute Leistung wurde auf vollkommen natürlichem Weg, vor allem aber ohne jede züchterische Veränderung der Ausgangsrassen, ohne Kraftfuttereinsatz, allein durch den Heterosis-Effekt erzielt. Das zwar vielversprechende aber personengebundene Projekt zur Bedienung eines Nischenmarktes wurde nach fünf Jahren, bedingt durch einen personellen Wechsel in der örtlichen Vermarktungsorganisation, eingestellt.

Parallel dazu versuchte derselbe Betrieb die Kreuzung von Gallowaykühen mit Limousinstieren. Abgesehen davon, dass der Umgang mit den etwas eigensinnigen Galloways nicht so problemlos war wie mit den umgänglicheren Hochlandrindern, befriedigten die F1-Tiere weder im Aussehen noch in der Fleischleistung. Damit soll lediglich gesagt werden, dass der Limousinstier wohl der richtige Kreuzungspartner für die Hochlandkühe, nicht aber für die Galloways war. Direktvermarktende Fleischproduzenten, die höhere Tageszunahmen und Endgewichte anstreben, sollten, wie dieses Beispiel zeigt, eher zur bewährten Methode der Gebrauchskreuzung greifen, bevor sie sich auf das unsichere Abenteuer einer Selektionszüchtung hin zu großrahmigeren, schwereren und frühreiferen Hochlandrindern einlassen. Außerdem wäre das ein Verstoß gegen die Zuchtrichtlinien der ARGE.

7. Produktion von Qualitätsfleisch

Die Fleischqualität ist beim Hochlandrind ohne Zweifel zum Teil genetisch bedingt. Sein Fleisch ist langsam gewachsen, feinfasrig und gut marmoriert, mit einem intensiven, typischen Rindfleischgeschmack. Die Schlachtkörper weisen meist eine geringe, aber doch ausreichende Fettabdeckung auf. Fett ist zwar Träger der Aromastoffe, aber letztendlich trotzdem ein Abfallprodukt!

Die Fleischqualität wird jedoch auch zu einem guten Teil von der Haltungsart und der Fütterung beeinflusst. In den klassischen Rindfleischländern wie Argentinien, Brasilien, Australien aber auch Großbritannien und Irland werden die Rinder ganzjährig geweidet. Sie haben ihr ganzes Leben hindurch kontinuierlich viel Bewegung, sie gebrauchen und entwickeln also ihre Muskeln. Die Futtergrundlage bestehend aus Gras ist ausreichend, aber nicht üppig. Unter diesen Bedingungen erbringen geeignete Rinderrassen eine Fleischqualität, wie sie in der Stallhaltung wohl nie erreicht werden kann. Leider musste diese natürliche Form der Rindfleischproduktion in den USA und Australien vielfach industriellen Methoden weichen. Was ist heute von der Cowboy-Romantik geblieben? Die Absetzer werden von ihren Müttern getrennt und in Cattle Feedlots gemästet. Feedlots sind riesige, voll mechanisierte Freiluftgehege mit bis zu 20.000 Mastplätzen. Gefüttert wird eine Mischsilage aus Gras, Mais, Sorghum, Getreide, Soja, Zuckerrübenabfällen, Baumwollsamenmehl, Mineralstoffen und Abfällen der Lebensmittelindustrie. Das Futter wird vorgewärmt verabreicht, damit die Tiere möglichst wenige Kalorien für ihre Körperfunktionen verbrauchen. Bei genormten Tageszunahmen von 1,5 kg legen die Tiere in vier Monaten 180 kg an Gewicht zu. Wegen der bei dieser hohen Besatzdichte akuten Seuchengefahr werden Antibiotika in erheblichen Mengen verabreicht. Mit dem Einsatz von synthetischen Wachstumshormonen steigert man heute in den USA das Produktionsvolumen um 25%. Die Fleischindustrie geht sogar so weit, den Hormoneinsatz als Werbeargument zu verwenden.

Nur das mit Hilfe von Wachstumshormonen erzeugte Fleisch kann wirklich zart sein – so wird behauptet. Dabei handelt es sich zum Teil um Hormone, die in der EU wegen potenzieller Gesundheitsgefährdung für den Menschen seit Jahren verboten sind. Die Feedlots sind umweltbelastend und in vielen Gebieten an behördliche Bewilligungen gebunden.

Während die Produktionskosten für Rindfleisch in den wichtigsten Produktionsländern der EU 2006 bei € 4,00 pro kg Schlachtgewicht lagen, betrugen diese in den Feedlots der USA nur € 2,40 und in den Weidesystemen Südamerikas € 1,20 pro kg Schlachtgewicht. Trotz der industriellen Produktionsmethoden hat sich in den USA eine eigene Rindfleischkultur entwickelt oder erhalten. Beispielsweise gibt es dort Steakhäuser mit Reifekammern aus Glas, in denen der Gast die Reifung des Fleisches beobachten kann.

Das alles hat aber mit extensiver, ökologischer Landwirtschaft und der Erzeugung gesunder Lebensmittel nichts mehr zu tun. Die bäuerlich geprägte

Der Lungenbraten vom HIGHLANDBEEF® ist fein marmoriert

Landwirtschaft Europas und der Biolandbau bieten dazu ein positives Kontrastprogramm, allerdings zu höheren Produktionskosten. In Deutschland wurden zum Beispiel 2006 für Ökorindfleisch Produktionskosten von € 6,00 pro kg Schlachtgewicht ermittelt.

Ertrag

Bei der Fleischproduktion mit dem Hochlandrind sollte man ganz besonders das Gesetz vom abnehmenden Ertragszuwachs im Auge behalten. Dieses Gesetz, formuliert von Anne Robert, Jacques Turgot und Johann Heinrich von Thünen besagt, dass mit jeder zusätzlich eingesetzten Einheit eines Produktionsfaktors der Ertrag zunächst steigt, dann stagniert und schließlich, trotz Steigerung des Aufwands, sogar abnimmt.

Für die Praxis heißt das, dass es sinnlos ist, das Hochlandrind über sein Leistungsvermögen hinaus zu füttern, und dass das letzte Gramm Tageszunahme und das letzte Kilogramm Endgewicht zu teuer erkauft werden müssten. Außerdem besteht bei zu energiereicher Fütterung die Gefahr der Verfettung und damit der Qualitätsminderung. Das ist die Begründung dafür, dass in den Richtlinien der ARGE Hochlandrind für die Erzeugung von HIGHLANDBEEF® die Verabreichung von Kraftfutter und sonstigen Wachstumsförderern untersagt ist. Die Fütterung mit einwandfreier Grassilage und gutem Wiesenheu zur freien Aufnahme sowie gute, natürliche Weiden sind die besten Voraussetzungen für die Produktion von Qualitätsfleisch.

Fleischqualität

Das Fleisch vom Hochlandrind ist nicht nur fein- und kurzfasrig, es zeichnet sich auch durch eine kurze Garzeit und sein typisches Rindfleischaroma aus. Es ist gut marmoriert, enthält aber trotzdem nur wenig Fett und Cholesterin. Besonders hoch ist der Anteil an hochwertigem Protein und der Gehalt an wertvollen Omega-3-, -6- und -9-Fettsäuren. Darüber hinaus enthält es viele Spurenelemente, Vitamine und Enzyme. Es eignet sich daher auch vorzüglich für die Diätküche.

Inhaltsstoffe von Fleisch (Durchschnittswerte)

Bezeichnung	Fett g/100 g	Cholesterin mg/100 g	Protein g/100 g
Hochlandrind	4,5	40,9	20,7
Sonstiges Rindfleisch	15,6	64,3	18,6
Schweinefleisch	22,4	77,5	16,9

(Quelle: „Die große Gräfe u. Unzer Nährwerttabelle")

Es ist erstaunlich, was das Hochlandrind über seinen Wiederkäuermagen aus anderweitig nicht verwertbarem Gras, Heu und Grassilage kostengünstig und umweltschonend produzieren kann. Diese Eigenschaft macht das Hochlandrind, und natürlich ganz allgemein das Rind, zum wahrscheinlich wertvollsten Haustier des Menschen.

HIGHLANDBEEF®

HIGHLANDBEEF®, die Qualitätsmarke der österreichischen ARGE Hochlandrind

In Österreich ist HIGHLANDBEEF® zum Synonym für Qualitätsrindfleisch geworden. Diese eingetragene Schutzmarke steht seit dem 25.11.1988, also seit 25 Jahren, ausschließlich den Mitgliedern der ARGE Hochlandrind zur Verfügung. Die zwischen ARGE Hochlandrind und den Produzenten abzuschließende Lizenzvereinbarung enthält unter anderem folgende Bedingungen und Vorschriften:
Der Produzent (Markenbenützer) muss Mitglied der ARGE und kontrollierter Biobetrieb sein. Zur Produktion von HIGHLANDBEEF® sind nur reinrassige, gekennzeichnete und registrierte Jungstiere, Ochsen und Kalbinnen der Rasse Hochlandrind (in Österreich geboren) zugelassen. Kreuzungstiere sind ausgeschlossen. Die Haltung der Tiere hat art-, rasse- und eigenschaftsgerecht zu erfolgen:
– *Mutterkuhhaltung in vollkommen natürlicher Form („Familienhaltung")*
– *Weidegang bzw. Freilandhaltung ganzjährig (365 Tage)*
– *Keine Stallhaltung (Unterstände und frei zugängliche Räume wie Futterstelle oder Schattenspender gelten nicht als Stall)*
– *Winterfütterung mit Raufutter, Grassilage und Stroh*
– *Verbot von Kraft- und Mastfuttermitteln*
– *Kälber saugen bis zum natürlichen Absetzen*
– *Schlachtalter bei Stieren maximal 30, bei Ochsen und Kalbinnen 36 Monate*
– *Verbot von Embryo-Transfer*

Die Arbeitsgemeinschaft gibt Markenzeichen und Werbemittel zum Selbstkostenpreis an ihre Mitglieder ab. Im Falle der unberechtigten Verwendung der Marke ist eine zivilrechtliche Klage vorgesehen.

8. Verarbeitung und Vermarktung

Damit Rindfleisch zu einem Genussmittel wird, müssen mehrere Voraussetzungen zusammenwirken. Richtige Haltung und Fütterung, stressfreier Transport und Schlachtung sowie optimale Fleischreifung sind unabdingbare Grundvoraussetzungen für die erfolgreiche Vermarktung. Selbstverständlich spielt letztlich auch die fachgerechte Zubereitung des Fleisches eine ganz bedeutende Rolle.

Fleischreifung

Die Verarbeitung des Fleisches beginnt mit der Reifung. Kurze Zeit nach dem Schlachten wird das Fleisch infolge der Totenstarre hart und ist so nicht zum Verzehr geeignet. Leider findet sich aber solches „Fleisch" immer wieder in den Regalen von Großmärkten. Der biochemische Vorgang der Reifung läuft innerhalb der Muskelfasern ab. Er beginnt schon während der Abkühlung des noch warmen Fleisches. Dieser Vorgang soll bei Temperaturen von −1°C bis +7°C in einer Kühlkammer durch sogenanntes „Abhängen" stattfinden. Im Reifeprozess zerlegen körpereigene Enzyme das Muskeleiweiß, dadurch wird das Fleisch zart und erhält sein typisches Aroma. Unter diesen Bedingungen dauert die Reifung von Rindfleisch mindestens 14–21 Tage. Das Abhängen kann in Form von Rinderhälften oder in vakuumverpackten Teilstücken erfolgen. Die Fleischreifung im Vakuum hat den Nachteil, dass sich mit der Zeit in den Packungen viel Fleischsaft absondert. Das schadet zwar nicht, ist aber nicht schön anzusehen. Im Extremfall müsste sogar vor der Auslieferung neu verpackt werden.

Viele Direktvermarkter setzen inzwischen das „Bafri-Fleischreifesystem" mit gutem Erfolg ein. Für die Reifung in der Bafribox wird der Schlachtkörper einen Tag nach der Schlachtung grob zerlegt und ohne Knochen möglichst dicht in Boxen aus Hartkunststoff gepackt. Bafriboxen gibt es für Füllmengen von 20, 40 und 160 kg Fleisch. Zum absoluten Luftabschluss gießt man in jede Box 1 l Mineralwasser oben auf das Fleisch. Danach wird die Box mit einem schweren, quarzsandgefüllten Deckel verschlossen. Nun reift das Fleisch ungestört bei +1° C vier Wochen lang. Nach Ablauf dieser Zeit nimmt man die Fleischstücke heraus und wäscht sie mit kaltem Wasser ab. Nach fünf bis sechs Stunden Trocknungszeit erfolgt die Vakuumverpackung unter Berücksichtigung der Kundenwünsche und schließlich die Auslieferung. Bei der Reifung in der Bafribox entstehen Gewichtsverluste von maximal 1,5%. Beim normalen Abhängen muss hingegen mit Verlusten bis zu 3,3% gerechnet werden. Die Höhe der Verluste ist aber auch von der Fleischqualität, der Fettabdeckung und der Luftfeuchtigkeit abhängig. Ein weiterer Vorteil des Bafribox-Verfahrens ist der viel geringere Platzbedarf, da die Boxen übereinander gestapelt werden können. In jedem Fall ist dafür zu sorgen, dass die Temperatur im Reiferaum gleichbleibend ist. Nur gewissenhaft gereiftes Rindfleisch lässt sich auf Dauer gut verkaufen.

Rindfleischsorten und ihre Verwendung in der Küche

Grillen:
Lungenbraten (5), Beiried (4), Rostbraten (3), Rippen (12),
Braten – Backen:
Hüferl (6), Weißes Scherzl (8), Schale (9), Rose (10), Tafelstück (13)
Dünsten – Schmoren – Braten:
Hals, Nacken (1), vorderer Rostbraten (2), Tafelspitz (7), hintere und vordere Wade (11), Schulter (14), Meiserl (15)
Gulasch – Ragout: Schulter (14)
Kochen: Hals (1), Tafelspitz (7), Rippen (12), Meiserl (15), Brustkern (16)

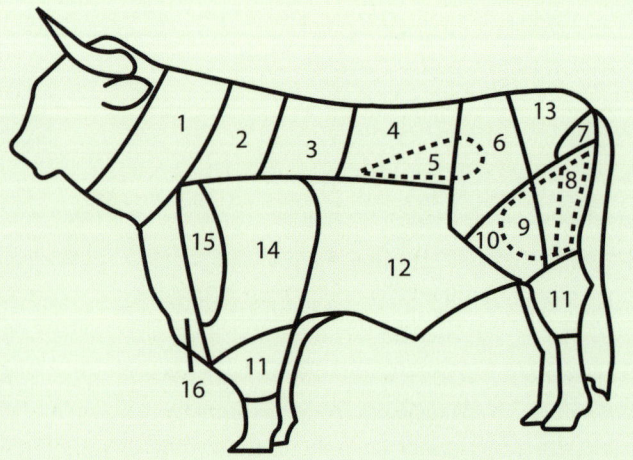

Direktvermarktung

In der Direktvermarktung durch Ab-Hof-Verkauf kann das notwendige Vertrauensverhältnis zwischen Anbieter und Abnehmer nur durch hohe, gleichbleibende Qualität hergestellt und erhalten werden. Der Direktvermarkter ist ja schließlich direkt von seinem Kunden abhängig. Interessierten Kunden sollte die Möglichkeit geboten werden, die Produktionsabläufe am Hof mitzuerleben. Sogar eine – vielleicht auch nur symbolische – Mitwirkung des Kunden in der Produktion ist denkbar und wünschenswert und schafft eine intensive Bindung an das Produkt. Jedenfalls ist dies der beste Weg, um Lebensmittelskandale zu vermeiden. Bei der Direktvermarktung ist neben einer Reihe einschlägiger Gesetze und Verordnungen, mit denen sich der Direktvermarkter vertraut machen muss, im EU-Raum vor allem die EU-Hygieneverordnung zu beachten. Die Markteinführung von HIGHLANDBEEF® durch die ARGE Hochlandrind und deren Mitglieder erfolgte in den Jahren 1990 bis 1992 schwerpunktmäßig durch eine ganze Reihe von Verkostungen. Diese fanden in Hotelfachschulen, Spitzenrestaurants, Landgasthöfen und Trendlokalen statt. Da der ARGE Hochlandrind damals so gut wie kein Geld für Werbemaßnahmen zur Verfügung stand, musste auf diesem Wege das Qualitätsfleisch vom Hochlandrind kostengünstig einem möglichst großen Kreis von Konsumenten, Interessenten und Entscheidungsträgern vorgestellt werden. In weiterer Folge leisteten ARGE-Mitglieder jahrelange Kleinarbeit im städtischen oder dörflichen Umfeld und im privaten Kreis. Unterstützt wurden sie dabei nur von ganz wenigen einschlägigen Gewerbebetrieben. Eine maßgebliche Förderung durch die öffentliche Hand erfolgte nicht.

HIGHLANDBEEF® im Paket-Sortiment

Die Aktivitäten der großen Handelsketten haben viele kleine und mittlere Fleischer zum Aufgeben gezwungen. Diese Entwicklung bringt dem Direktvermarkter im Ab-Hof- oder Auslieferungsverkauf gute Chancen und ein enormes Kundenpotential. Die ARGE Hochlandrind und ihre Mitglieder setzen seit Beginn der Hochlandrinderzucht in Österreich auf die Direktvermarktung. Derzeit werden 98% des bei ARGE-Mitgliedern anfallenden Fleisches auf diesem Weg an den Mann oder die Frau gebracht. In diesem System verbleibt die gesamte Wertschöpfung beim produzierenden Bauern.

Die Züchter und Halter von Robustrassen sind meist Individualisten. Sie gehen daher auch in der Vermarktung unterschiedliche Wege. Rund 120 ARGE-Mitglieder verkaufen ihr Produkt unter der seit 1988 eingetragenen und geschützten Marke HIGHLANDBEEF® mit so durchschlagendem Erfolg, dass die Nachfrage nicht mehr befriedigt werden kann. Eine Gruppe von Produzenten bietet ihre Produkte in einer gemeinsamen Aktion über das Internet an.

Dabei besteht eine grenzüberschreitende Zusammenarbeit mit Anbietern in der Schweiz, die sich bereits sehr bewährt hat. Nähere Informationen finden Sie im Anhang.
Bei der Direktvermarktung von HIGHLANDBEEF® haben sich Mischpakete in speziellen Kartons zu 5, 10, (15) und 20 kg bewährt. Die Mischpakete enthalten Fleischsortimente in verschiedener Zusammenstellung und werden mit oder ohne Knochen angeboten. Auf Preisbasis 2013 erlöst der Direktvermarkter für HIGHLANDBEEF® ohne Knochen im Mischpaket, je nach Zusammensetzung € 15,00 bis € 16,00 pro kg. Der Lungenbraten wird meist getrennt verkauft und bringt € 45,00 bis € 48,00 pro kg.

Die Schlachtauswertung

Der Direktvermarkter will natürlich wissen, welche Fleischsorten in welchen Mengen anfallen. Nachfolgend wird die Auswertung einer „Mischschlachtung" von je einem Stück Jungtier, Ochse, Kalbin, Kuh und Altstier dargestellt. Die Einzelgewichte von 262 kg, 222 kg, 280 kg, 268 kg und 210 kg ergeben ein durchschnittliches Reifegewicht von 248,56 kg. Daraus resultieren die in der nachfolgenden Tabelle zusammengefassten verwertbaren Mengen pro Fleischsorte.
Im vorliegenden Fall machen die verwert- und verkaufbaren Fleischsorten und Nebenprodukte (Knochen usw.) ca. 175 kg oder 70,40% des Reifegewichtes aus. Ganz allgemein kann gesagt werden, dass die Auswertung bei Jungtieren und Kalbinnen besser ist als bei Ochsen.

Auswertung Mischschlachtung

Lungenbraten	2,88 kg	1,16%
Abschnitte R II	35,18 kg	14,15%
Beiried und Rostbraten	12,62 kg	5,08%
Knochen	43,82 kg	17,63%
Braten	37,60 kg	15,13%
Knochenmehl	2,86 kg	1,15%
Dünsten	18,26 kg	7,35%
Fett	33,17 kg	13,34%
Gulasch	27,30 kg	10,98%
Verlust	1,15 kg	0,46%
Rippen und Brustkern	33,72 kg	13,57%
Summe	248,56 kg	100,00%

Weiterverarbeitung und Sortimentserweiterung

Die Weiterverarbeitung ermöglicht es dem Produzenten den Schlachtkörper optimal zu verwerten, seine Arbeitsleistung mitzuverkaufen und damit die Fleischerlöse spürbar zu erhöhen. Es gibt Betriebe, die durch Weiterverarbeitung und Direktvermarktung vom Nebenerwerb wieder in den Vollerwerb zurückkehren konnten.
Die von den ARGE-Mitgliedern hergestellte Produktpalette ist vielseitig und zeugt von Kreativität. So werden Spezialitäten wie Jausen-, Krainer-, Frankfurter-, Haus- und Grillwürste, Cabanossi, reine Rindswurst, Salami, Roh- und Saftschinken,

Der Tafelspitz war die Leibspeise von Kaiser Franz Joseph I.

Das Fleisch des Halses eignet sich speziell für Gulasch und Ragout

Hochland-Terrine und Gulaschkonserven hergestellt. Verkauft werden aber nicht nur die verschiedenen Fleischsorten und Spezialitäten. Auch „Nebenprodukte" der Schlachtung, wie Zunge, Ochsenschlepp, Herz, Leber, Milz, Lunge, Nieren, Markknochen und Faschiertes bringen gute Erlöse.

Schon vor längerer Zeit wurde damit begonnen, Kochseminare und spezielle Kochbücher als verkaufsfördernde Maßnahmen einzusetzen. Dem Trend zur gesunden Ernährung folgend, wird Fleisch heute anders zubereitet als zu Großmutters Zeiten. Das stundenlange Brutzeln in der Pfanne wurde längst vom Kurzbraten oder Grillen abgelöst. Gebratenes oder gegrilltes Rindfleisch sollte innen immer noch rosa sein. Das ist die Gewähr dafür, dass wertvolle Eiweißstoffe und fleischeigene Enzyme erhalten bleiben. Das im Fleisch des Hochlandrindes reichlich vorhandene Eisen und Zink regt zusammen mit dem Eiweiß die Testosteronbildung im menschlichen Körper an. Testosteron fördert auf natürliche Weise den Antrieb, die Ausdauer und die Lebenslust von uns Menschen. So könnte der Genuss von entsprechend schonend zubereitetem HIGHLANDBEEF® auch auf diesem Weg für Wohlbefinden sorgen.

Verarbeitungsprodukte vom HIGHLANDBEEF®

Verarbeitung und Vermarktung

9. Das Hochlandrind in Deutschland

Nach Deutschland kam das Hochlandrind verhältnismäßig früh. Schon 1978 wurde es erstmalig für landwirtschaftliche Zwecke eingeführt. Der Wunsch nach der wirtschaftlichen Nutzung von Grenzertragsböden, Mooren und Auenlandschaften sowie die Notwendigkeit der kostengünstigen Pflege von Naturschutzgebieten führten dazu, dass man sich dieses Robustrindes erinnerte. Allerdings verlief die Entwicklung der Hochlandrinder-Population in Deutschland vergleichsweise langsam.

Wie in manchen anderen Ländern, griffen auch in Deutschland Hobby- und Freizeitlandwirte die Robustrinder-Idee auf und dominierten jahrelang die Hochlandrinderszene. Das Hochlandrind wurde zum Statussymbol und Kultobjekt erfolgreicher, betuchter Freiberufler und Unternehmer. Man erlernte das „Pipen" (Dudelsack-Spielen), traf sich im Kilt zum Meeting,

Teilweise werden Hochlandrinder auch auf Farbe gezüchtet

Workshop und zur Show und berichtete über diese Events in Newslettern. Man trank Single Malt Whisky und legte sich für die „Folds" nach schottischem Vorbild klingende Herdennamen zu. Kurz und gut, die Highlands, wie man die Rinder irreführend nannte, wurden zum gesellschaftlichen Ereignis.

Daneben konnte das Hochlandrind jedoch auch bei Berufslandwirten in ganz Deutschland langsam Fuß fassen. Es muss aber anerkannt werden, dass auch so mancher Hobbylandwirt langsam zum professionellen Züchter konvertierte.

Der „Verband Deutscher Highland Cattle Züchter und Halter" (VDHC) wurde 1983 gegründet. In weiterer Folge entstanden noch weitere Rasseverbände, die zumindest am Anfang in einem Konkurrenzverhältnis zum VDHC standen. Nach den Satzungen dieser Verbände handelt es sich nämlich nicht um Bundesländer- oder Regionalorganisationen unter dem Dach des VDHC. Eine Zeit lang gaben die Verbände separate „Journale", wie die Jahresberichte genannt wurden, heraus. Seit 1996 erscheint aber ein gesamtdeutsches Journal.

Man findet in Deutschland eine sehr hohe Dichte von ambitionierten Züchtern, die ihre Ziele mit Leidenschaft und Enthusiasmus verfolgen. Eine große Anzahl von Züchtern und Haltern mit kleinen Herden sind nicht Mitglieder im VDHC, sondern in den Landesherdebuchverbänden organisiert. In Deutschland ist Tierzucht, so wie in Österreich, Ländersache.

Dem VDHC gehören aktuell 450 Züchter mit 2.404 Herdebuchkühen an. Insgesamt werden in Deutschland 4.084 Kühe und 432 Stiere für 714 Züchter im Herdebuch geführt. Eine Schätzung der Gesamtpopulation an Hochlandrindern in Deutschland ist derzeit nicht verfügbar.

Gut entwickelte 22 Monate alte Kalbin

Die Rassestandards des VDHC decken sich weitgehend mit jenen der schottischen Highland Cattle Society und entsprechen ebenso weitgehend den österreichischen Richtlinien. Wenn auch das Hochlandrind ursprünglich kleinrahmig ist, könnte nach offizieller Meinung des VDHC der Trend in Deutschland eher zu einem größeren Rahmen gehen.

Trotzdem wird aber vor möglichen, nicht wiedergutzumachenden Rückschlägen gewarnt. Alle Bemühungen, das Hochlandrind in seiner Robustheit, Ursprünglichkeit, Vitalität und ganz allgemein in seinem Charakter zu verändern, sollten unterlassen werden. Langlebigkeit mit vielen aufgezogenen Kälbern, bei äußerst geringer rassespezifischer Krankheitsanfälligkeit, werden als wichtiger angesehen, als höhere Tageszunahmen und ein paar Kilogramm mehr Fleisch. Das ideale Schlachtalter wird bei Stieren und Ochsen mit 24–30 Monaten angegeben.

Das Fleisch der Hochlandrinder wird in Deutschland auf privater Basis meist direkt ab Hof vermarktet. Eine geschützte Verbandsmarke existiert noch nicht.

10 Das Hochlandrind in der Schweiz

Für die Schweiz, mit einem Grünlandanteil von 70% der gesamten landwirtschaftlich genutzten Fläche, hat die Rinderhaltung einen besonders hohen Stellenwert. Vor 1993 war das Hochlandrind in der Schweiz nur vereinzelt im Zoo anzutreffen. Erst das Projekt „Robustrinder auf kargen Böden", initiiert von der Landwirtschaftlichen Beratungsstelle in Lindau, führte ab 1993 zum Import von Hochlandrindern als landwirtschaftliche Nutztiere. Importiert wurde aus Deutschland, Dänemark, Österreich und Kanada. Die Gründung der Highland Cattle Society, Switzerland Section (HCSS) erfolgte 1995 als Züchterorganisation. Ihr gehören derzeit 221 Mitglieder an. Ziel des Vereines ist es, das Hochlandrind in Reinzucht zu erhalten

Die Rassedefinitionen weichen international nur geringfügig voneinander ab

und die Zuchtarbeit der Mitglieder zu unterstützen. Die Organisation von Ausstellungen, Veranstaltungen zur Absatzförderung, der Erfahrungsaustausch und die Weiterbildung der Mitglieder sind weitere Betätigungsfelder.

In der Schweiz werden Hochlandrinder im Natur- und Landschaftsschutz sehr erfolgreich zur Erhaltung und Pflege von Grünlandbiotopen eingesetzt. Durch sein geringes Gewicht und seine Genügsamkeit eignet sich das Hochlandrind ganz besonders gut für den Einsatz im Gebirge. Gebiete, die bereits durch Verbuschung zu veröden drohten, werden nun mit dem Hochlandrind wieder bewirtschaftet. Aber auch im Flachland findet das Hochlandrind sein Einsatzgebiet. Mit ihm lassen sich beispielsweise in größeren Betrieben die in der Schweiz vorgeschriebenen 7% Ökoausgleichsflächen gewinnbringend verwerten.

Die in den Richtlinien der HCSS festgelegten Ziele für die Schweizer Zucht unterscheiden sich nur marginal von jenen in Deutschland und Österreich. Die Zuchttiere werden nach einem Punktesystem linear bewertet.

Erreichbar sind maximal 99 Punkte. Folgende Benotungen sind vorgesehen:
90–99 Punkte = vorzüglich, 86–89 Punkte = sehr gut, 80–84 Punkte = gut+, 75–79 Punkte = gut, 65–74 Punkte = genügend. Stiere müssen mindestens 75–79 Punkte erreichen, für Stiermütter liegt die Mindestanforderung bei 80–84 Punkten. Tageszunahmen werden in der Schweiz für Hochlandrinder (Nichtwiegerasse) nicht erhoben.

Die Herdebuchführung für alle Mutterkuhrassen obliegt der „Schweizerischen Vereinigung der Ammen- und Mutterkuhhalter" (SVAMH), die auch die Bewertungen durchführt und die Zuchtdokumente ausstellt.

Mitglieder der HCSS können ihre Produkte nach genau definierten und kontrollierten Vorschriften unter der eingetragenen Schutzmarke **„Original Highland Beef of Switzerland"** vermarkten. Auf Basis eines strengen Produktionsvertrages erteilt die HCSS interessierten Bauern die Lizenz für die Führung des geschützten Markennamens. Derzeit gibt es mehr als 60 Lizenznehmer. Zur Überwachung der Lizenzverträge wird eine der SVAMH angegliederte Beefcontrol herangezogen.

Die Vermarktung erfolgt überwiegend direkt ab Hof oder über kleine Metzgereien. Beim Original Highland Beef handelt es sich um ein Nischenprodukt, das vor allem durch seine Qualität punktet. Die Lieferung an Großabnehmer wird auch in der Schweiz nicht gefördert. Mit Stichtag 31.12.2012 waren in der Schweiz 3141 Kühe und 398 Stiere der Rasse Hochlandrind registriert. Sie stellt damit den höchsten Anteil an Herdebuchtieren in der Schweiz. Die Gesamtpopulation an Hochlandrindern beträgt 9.124 Tiere.

Bewertungssystem der Schweizer Hochlandrinder

Kriterium	Gewichtung
Rassenmerkmal	20%
Format	30%
Bemuskelung	20%
Fundament	30%

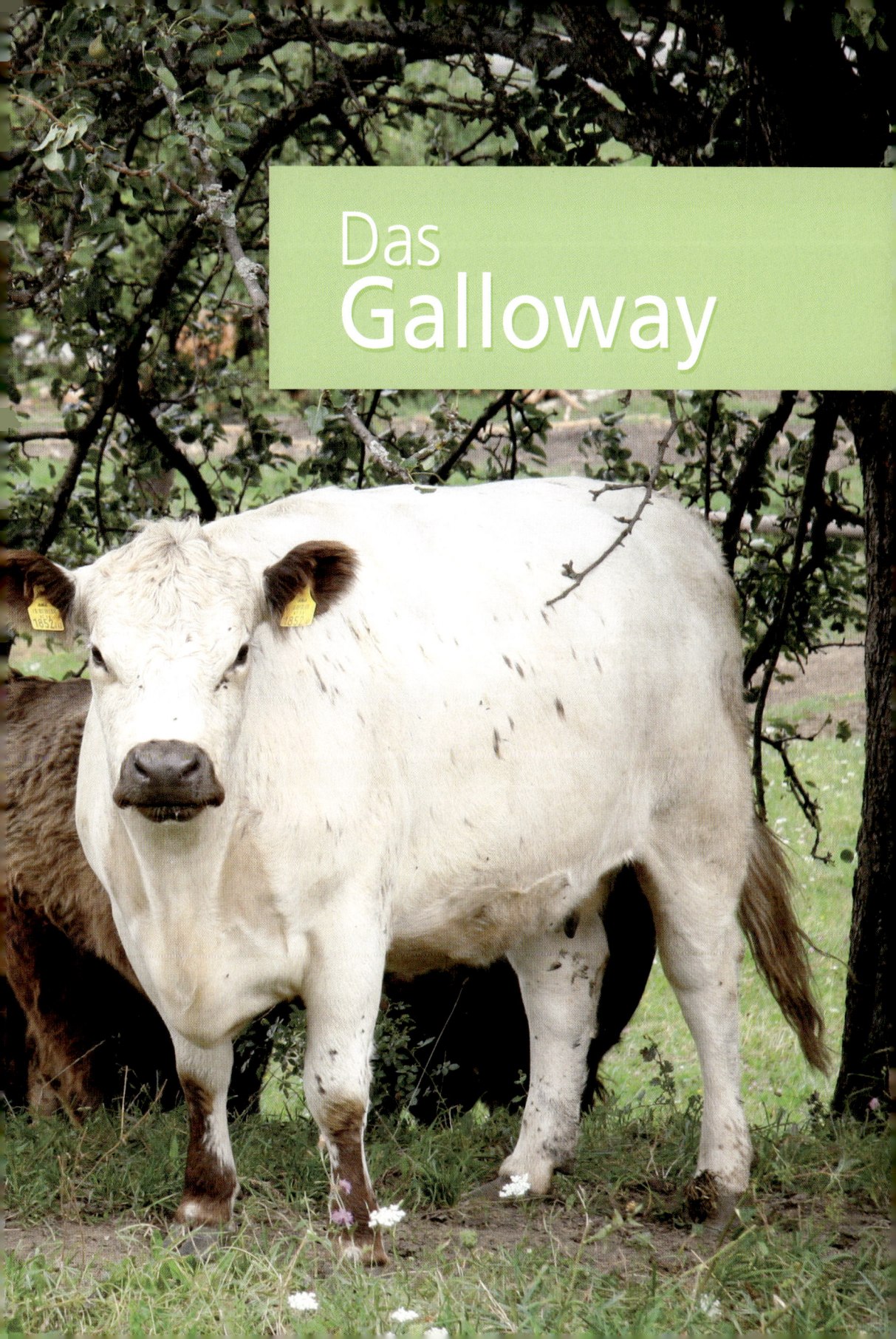

Das Galloway

1 Geschichte und Verbreitung

Beim Galloway scheinen Herkunft und Abstammung, ähnlich wie beim Hochlandrind, im vielzitierten „Dunkel der Geschichte" zu liegen. Seine Abstammung von einem Keltenrind wird zwar behauptet, ist aber unwahrscheinlich. Es gibt Indizien dafür, dass das Galloway auf den britischen Inseln aus einem hornlosen Urrind entstanden sein könnte. Erdgeschichtlich wäre das möglich, da die britischen Inseln erst vor etwa 8.000 Jahren vom Kontinent getrennt wurden. Jedenfalls hat auch die Entstehung der Galloways bereits vor der Besiedlung Britanniens durch keltische Volksstämme stattgefunden und sie gelten als älteste Fleischrasse der britischen Inseln. Vordergründig stammt das Galloway aus jenem Gebiet im Südwesten Schottlands, das Galloway genannt wird.

Als die Römer Britannien eroberten, fanden sie Rinder vor, die der überlieferten Beschreibung zufolge, als direkte Vorfahren des Galloway angesehen werden können. Es wird von einem kleinen, gedrungenen, langhaarigen, hornlosen, schwarzen Rind berichtet, dessen Fleisch fein und wohlschmeckend war. Die erste Rassebeschreibung soll vom römischen Senator und Historiker Publius Cornelius Tacitus (55–115 n. Chr.) persönlich stammen. Der Name Galloway kann erst viel später entstanden sein, da die heutige Region Galloway diese Bezeichnung erst im Frühmittelalter erhielt. Ein Zuchtverband besteht seit 1877; die Herdebuchführung wurde seit diesem Zeitpunkt von der Rasse Aberdeen Angus getrennt. Schon ab dem 17. Jahrhundert gibt es Hinweise auf das Galloway in der Literatur. Aus dem 18. Jahrhundert sind Beschreibungen in Büchern, Zeichnungen und Gemälde von Gallowayrindern erhalten. Ihre Eigenschaften werden durchwegs positiv beschrieben. Die größte wirtschaftliche Bedeutung hatte die Rasse Galloway wohl von der Mitte des 17. bis zum Beginn des 19. Jahrhunderts. Es soll das am weitesten verbreitete und marktbeherrschende Rind Britanniens gewesen sein. In günstigeren Lagen mit gutem Futterangebot wurde es auch für die Milchgewinnung verwendet. Als sich im 19. Jahrhundert ein Wandel in der Landwirtschaft hin zu intensiven Fleisch- und Milchrassen vollzog, wurde das Galloway auf extensive Standorte verdrängt. Dort diente es in erster Linie den Schaffarmern als Weidepfleger. Die Population schrumpfte und erreichte zu Beginn des 20. Jahrhunderts mit nur noch 0,4% des gesamten britischen Rinderbestandes seinen absoluten Tiefstand. Vielleicht wäre die Rasse untergegangen, hätte man nicht die reinrassige, schwarze Gallowaykuh als Kreuzungspartner für die Züchtung der wirtschaftlich bedeutenden Gebrauchskreuzung Blue-Grey gebraucht.

Ohne Übertreibung kann man sagen, dass das Galloway in der zweiten Hälfte des 20. Jahrhunderts zu einem internationalen Rind geworden ist. Es fand Verbreitung in den ehemaligen Kolonien Großbritanniens, aber auch in den USA, Kanada, Lateinamerika und sogar in der damaligen UdSSR. In Australien gibt es seit 1956 eine nicht unbedeutende Galloway-Population sowie drei Zuchtverbände. Neuseeländische Farmer, die das Galloway im Zuge ihres Kriegsdienstes in England oder Schottland kennenlernten, brachten es schon 1947 in ihre Heimat mit. Seit 1967 gibt es einen neuseeländischen Zuchtverband. Als internationale Plattform aller Gallowayzüchter wurde 1998 das Galloway-World-Council gegründet. Derzeit gehören 16 nationale Rasseverbände dieser Vereinigung an. Vertreten sind Australien (Galloway, Galloway Cattle, Belted Galloway und Miniature Galloway), Kanada, Deutschland, Dänemark, Neuseeland, Norwegen, Österreich, Schweiz, Tschechien, USA (Galloway und Belted Galloway) und Vereinigtes Königreich (UK, Galloway und Belted Galloway). Das GWC hält seine jährlichen Konferenzen rotierend in den Mitgliedsstaaten ab. Es ist also jedenfalls dafür gesorgt, dass die Genetik des hornlosen Inselrindes nicht verloren geht.

Die führende Robustrinderrasse in Deutschland ist das Galloway

2 Eigenschaften und Zucht

Die Bezeichnung Galloway (ohne näher beschreibendes Adjektiv) kommt eigentlich nur der ursprünglichen Rasse, gemäß der Rassebeschreibung der Galloway Cattle Society zu. Nach dem Originaltext sind das ausschließlich Rinder in den Farben „black with a brownish tinge or dun", also Schwarz mit einem „bräunlichen Schimmer" oder „dun" (Hellbraun, Zimtfarbig).
Als eigene Rassen sind das Belted Galloway (schwarz oder mahagonifarbig mit breiter weißer Leibbinde) und wahrscheinlich das White Galloway (hell bis weiß mit pigmentierten Ohren, Maul und Extremitäten) anzusehen. Sie werden weltweit auch in getrennten Herdebüchern geführt. Eine Ausnahme bildet Deutschland. Dort führt der Bundesverband Deutscher Gallowayzüchter die drei oben angeführten Rassen als verschiedene Farben in einem Herdebuch. Man spricht daher bereits von einer vierten, mischerbigen Rasse, dem Deutschen Galloway. Vertreter der original-schottischen, reinerbigen Galloways in Deutsch-

Galloway-Stier „Ivan der Schreckliche"

Vergleich der Daten und Merkmale des Galloway-Rindes

Rasse	Geschlecht	Gewicht kg	Widerristhöhe cm	Farben und Eigenschaften
Galloway	Stier	800	130	Schwarz oder hellbraun, klein- bis mittelrahmig, widerstandsfähig, genügsam, gute Fleischqualität, ganzjährige Freilandhaltung
Galloway	Kuh	450–550	120	
Belted Galloway	Stier	bis 800	135	Schwarz oder mahagonifarbig, mit breiter weißer Leibbinde, kleinrahmig, tiefgestellt, hornlos, extrem widerstandsfähig, geringe Futteransprüche, leichtkalbig, ganzjährige Freilandhaltung
Belted Galloway	Kuh	bis 500	120	
White Galloway	Stier	700	130	Hell bis weiß mit pigmentierten Ohren, Maul und Extremitäten, kleinrahmig, tiefgestellt, hornlos, sehr robust, geringe Futteransprüche, leichtkalbig, dichtes Unterhaar
White Galloway	Kuh	450	120	

(Quelle: info@fleischrinderzucht.de)

land, wie zum Beispiel die Galloway-Züchter Interessengemeinschaft Nord, grenzen sich auch deutlich gegenüber (Zitat) „solchen Galloways ab, die durch unklares Zuchtgeschehen, insbesondere in Kanada, starke Veränderungen im Geno- und Phänotyp erfahren haben."

Die Rassefamilie der Galloways, wie wir sie nennen wollen, ist an der Grenze zwischen klein- und mittelrahmig positioniert. Wenn sie auch zu den Robustrindern zählen, so sind die Galloways von ihren Eigenschaften her nicht als extrem extensiv zu bezeichnen. Es handelt sich jedoch bei allen Variationen um Fleischrinder. Galloways sind genetisch hornlos, langlebig, spätreif, fruchtbar, leichtkalbend, genügsam, anpassungs- und widerstandsfähig, sie haben gute Mutter- sowie beste Weideeigenschaften und liefern ein marmoriertes, feinfasriges, wohlschmeckendes Fleisch. Auffallend ist, wie auch bei anderen Robustrinderrassen, ihre starke Herdenbindung.

Die **Rassebeschreibung** der Galloway Cattle Society vom 18. April 1883 charakterisiert das Galloway folgendermaßen:

– *Farbe: schwarz mit einem bräunlichen Schimmer oder „dun"*
– *Kopf: kurz und breit, mit breiter Stirne und großen Nüstern, hornlos ohne Hornansatz, Augen groß und ausdrucksstark, Ohren mittellang, breit,*

etwas nach vorne und aufwärts stehend, mit starkem Behang
- Hals/Nacken: mäßig in der Länge, klar, gut in die Schultern verlaufend
- Körper: tief, gerundet, symmetrisch, Schultern fein und gerade, Brust voll und tief, Hinterteil und Rücken gerade, Rippen tief und gut angesetzt, Lenden gut bemuskelt, Hüfthöcker nicht exponiert, Keulen lang, mäßig breit, nicht zu rund, Flanken tief und voll, tiefreichender Muskelansatz, feinknochiges Skelett
- Extremitäten: breite feste Klauen, gut gewinkelt und gerundet, kurz, klar und feinknochig, Schwanz gut angesetzt, mäßig dick
- Haut: weich und mäßig in der Stärke, Haare gewellt, dichtes Unterhaar.

Diese recht allgemeine Beschreibung sagt unmissverständlich, dass nur schwarze und „dun"-farbige Rinder als Galloways anzusehen sind. Seit 1998 führt die Galloway Cattle Society allerdings ein eigenes Herdebuch für einfarbig rote Galloways. Alle anderen Farbenspiele wie „riggit", „brocket face", „brindle", „red-" und „dunpointet" usw., die ihren Ursprung in Einkreuzungen haben dürften, fallen unter Liebhaberei.

Als Besonderheit ist schließlich noch die Gebrauchskreuzung Blue-Grey zu erwähnen. Sie entsteht aus der Paarung von schwarzen Gallowaykühen mit White Shorthorn-Stieren. Der Name bezieht sich auf die blaugraue Farbe dieser F1-Kreuzungsprodukte. Die weiblichen Blue-Greys gelten als ausgezeichnete Mutterkühe von sagenhafter Wirtschaftlichkeit. Sie sind robust, anspruchslos, langlebig und leichtkalbend wie ihre Mütter. Aufgrund ihrer Konstitution sind sie in der Lage auch Kälber von großrahmigen Stieren problemlos auszutragen und dank ihrer guten Milchleistung optimal zu versorgen. Blue-Grey-Kühe werden mit Stieren anderer Fleischrassen belegt. Die im zweiten Kreuzungsschritt erzeugten, frohwüchsigen Kälber dienen ausschließlich der Fleischerzeugung.

Zuchtdaten des Galloway in Österreich

Maße und Gewichte	weiblich	männlich
Widerristhöhe in cm	120	130
Gewicht in kg	450–500	800
Geburtsgewicht in kg	29	31
200-Tage-Gewicht in kg	180	210
365-Tage-Gewicht in kg	270	310

(Quelle: „ARGE Österreichischer Fleischrinderzüchter)

3. Das Galloway in Österreich

Unter den Robustrindern nimmt das Galloway in Österreich mit einem Anteil von 0,34% am Gesamtrinderbestand den zweiten Platz nach dem Hochlandrind ein. In der Austrian Galloway Association sind nur etwa 100 Züchter registriert. Per September 2013 war österreichweit eine Population von 6.698 Galloways vorhanden. Dabei handelte es sich vorwiegend um einfarbige Tiere der Farben Schwarz und „Dun". Es sind aber auch andere Farbvarianten anzutreffen. Eine Trennung im Herdebuch erfolgt nicht.

Die ARGE österreichischer Fleischrinderzüchter beschreibt das Galloway folgendermaßen:
– Körperbau: klein- bis mittelrahmig, tiefgestellt, breiter, kurzer Kopf, hornlos
– Farben: Die Haarfarbe ist schwarz, blond oder weiß. Gelegentlich kommen weiße Flecken in der Eutergegend vor. Das Flotzmaul ist dunkel pigmentiert. Eine gurtenscheckige Variante sind die „Belted Galloways".
– Haarkleid: Das lange wellige Haarkleid besitzt wolliges Unterhaar.
– Herkunft und Entwicklung: Die Galloways stammen aus Südwestschottland und gelten als älteste Fleischrasse der britischen Inseln. Ein Zuchtverband besteht seit 1877; die Herdebuchführung wurde seit diesem Zeitpunkt von der Rasse Aberdeen Angus getrennt. In Kanada auf mehr Rahmen gezüchtet, kanadische Linien eher mittel- als kleinrahmig. Diese Landrasse zeichnet sich wie die übrigen „hardy hill breeds", Highland und Luing durch Widerstandsfähigkeit gegen extrem raues Klima aus. Mutterkuhherden werden auf dürftigen Hochlandflächen gehalten. Die Galloways sprechen jedoch auch auf bessere Fütterung an. Die Tiere eignen sich aufgrund der Hornlosigkeit zur gemeinsamen Weide mit Pferden. Sie sind problemlos zu halten und eignen sich zur Nutzung von Zwischenfruchtanbau oder für extensive Flächen.

4 Das Galloway in Deutschland

Offiziell ist 1973 das „Jahr Eins" der Gallowayzucht in Deutschland. Der eigentliche Höhenflug dieser Rasse begann in Deutschland aber 1984 mit massiven Importen aus Schottland. Bis 1990 wurden Tausende von Galloways nach Deutschland gebracht und teilweise zu Fantasiepreisen vor allem an Liebhaber verkauft. Ein Jahr davor, 1983, gründeten mehr als 50 Proponenten den Bundesverband Deutscher Gallowayzüchter (BDG) als Rasseverband und offizielle Interessenvertretung aller Gallowayzüchter. Der BDG ist auch Mitglied des Bundes Deutscher Fleischrinderzüchter.

1984 umfasste das Galloway-Herdebuch der BDG 339 eingetragene Tiere, 1998, am vorläufigen Höhepunkt der Entwicklung, waren es 10.807 Tiere. Das entspricht einer Steigerung der Stückzahl um 3,09 %.

Als Folge der BSE-Krise ging die Anzahl der Galloways dann wieder zurück und betrug 2003 „nur" noch 6.551 Stück. Auch die Zahl der Galloway-Zuchtbetriebe sank von 2000 bis 2003 um 14,4 % auf 947 Betriebe. Bei den Haltern verringerte sich die Anzahl der Betriebe im selben Zeitraum um 58 auf 261.

Der BDG betrachtet alle Galloway-Varianten, ob einfarbig, belted, weiß oder mit Riggit-Zeichnung als eine Rasse und führt diese daher auch in einem Herdebuch mit vier Farbschlägen. Außerdem werden noch drei Pigmentierungsvarianten in Schwarz, Blond und Rot unterschieden.

Die vier Farbschläge sind: Galloway, Belted Galloway, White Galloway und Riggit Galloway.

Hingegen sieht die Galloway-Züchter Interessengemeinschaft Nord (GIN), ein regionaler Verein in Norddeutschland, im einfarbigen Galloway und im Belted Galloway zwei getrennte, eigenständige Rassen. Daher vertritt die GIN auch überregional die Interessen der Reinzüchter dieser beiden alten Originalrassen und strebt bundesweit, im Gegensatz zur BDG, eine einheitliche Herdebuchführung nach den Regeln des Ursprungslandes Großbritannien an.

5. Das Galloway in der Schweiz

Die ersten drei Galloways wurden 1994 in die Schweiz gebracht. Ab 1995 kam es zu größeren Importen aus Deutschland. Schon damals setzten einzelne Betriebe Galloways als tragenden Betriebszweig in der Extensivhaltung ein. Anfang 1996 gründeten die damaligen Gallowayzüchter die Swiss Galloway Society (SGS). Diese ist als Sektion in die Schweizerische Vereinigung für Ammen- und Mutterkuhhaltung (SVAMH) integriert.

Beim Zuchtziel geht es vor allem um Fruchtbarkeit, gute Muttereigenschaften, Robustheit und Leichtkalbigkeit. Der Fleischqualität wird größte Bedeutung beigemessen. Entsprechend der extensiven Haltung verzichtet man auf die Feststellung der täglichen Gewichtszunahme und der Gewichte der Absetzkälber, da bei extensiver Haltung das Gewicht

Das hornlose Inselrind ist auch in der Schweiz heimisch geworden

nicht der bestimmende Erfolgsfaktor sein kann. Die Mitglieder der SGS verpflichten sich dazu, auf sämtliche Futterzusätze wie tierisches Eiweiß, Hormone und Antibiotika zu verzichten. Mit dem Galloway lassen sich neuzeitliche, ökologische Anforderungen einerseits und landwirtschaftliche Nutzungen andererseits in Einklang bringen. Derzeit zählt die SGS 213 Mitglieder mit 200 Betrieben. Die SGS-Statistik von 2005 weist eine Population von 3.217 Galloways aus. Davon waren 1.744 „black", 770 „dun", 432 „belted", 126 „white", 3 „riggit" und 142 sonstige Galloways. Der aktuelle Stand an Herdebuchkühen beträgt 1.500 Stück.

In der SGS werden sehr klar drei Gruppen von Tieren unterschieden:

Herdebuchtiere: (Zucht), Abstammung, Leistung und Erscheinungsbild entsprechen der Norm der SGS. Diese Tiere werden ins Herdebuch aufgenommen. Aus der Zucht von Herdebuchtieren entstehen wieder Herdebuchtiere, wobei Mängel zum Ausschluss führen können.

Rassetiere: (zur Produktion von Galloway Gourmetbeef) sind nachweislich als reine Galloways gezogen, entsprechen aber den Anforderungen des Herdebuches nicht. Auch deren Nachkommen können nicht ins Herdebuch aufgenommen werden.

Farbreglement der SGS

Die Herdebuchtiere der SGS sollen in den Farben rein gezüchtet werden. Kreuzungen sind zur Verhinderung von Inzucht, allerdings unter bestimmten Bedingungen, erlaubt:

Black: Es ist nur eine farbreine Zucht erlaubt.

Dun: Es ist eine farbreine Zucht anzustreben. Um Inzucht zu vermeiden kann mit black eingekreuzt werden. Kreuzungen in der ersten Generation können nicht als Stier oder Stiermutter geführt werden.

Belted: Es sind nur Kreuzungen von Belted-Tieren untereinander erlaubt (black-belted, red-belted, dun-belted). Tiere ohne durchgehenden Gurt werden nicht ins Herdebuch aufgenommen.

White: Um Inzucht zu vermeiden ist beim Farbschlag white eine Kreuzung nur mit black und red erlaubt. Mindestens 50% der Eltern müssen aber white sein. Sonstige Tiere werden nicht ins Herdebuch aufgenommen.

Red: Eine Kreuzung mit black ist unter den gleichen Bedingungen wie bei white beschrieben zugelassen.

Riggit (manchmal auch Rigget geschrieben): gleiche Bedingungen wie bei white.

Der schweizerische Zuchtverband sieht vor, dass Galloways in den Farben rein gezüchtet werden

Kreuzungstiere: (Produktion Natura-Beef, Swiss-PrimBeef) entsprechen nicht den Anforderungen des geschlossenen Herdebuchs der SGS. Sie dürfen nicht als Galloway Gourmetbeef vermarktet werden.

Für Gallowayzüchter hat die Direktvermarktung wegen der größten Wertschöpfung erste Priorität. Den Mitgliedern der SGS steht ein Vermarktungsprogramm mit der Bezeichnung „Galloway Gourmetbeef – Ihr Gesundheitsfleisch" zur Verfügung. Die Produktion erfolgt nach strengen, kontrollierten Richtlinien. Kraftfuttergaben und Embryo-Transfer sind verboten. Zugelassen sind nur Rinder aus Mutterkuhhaltung.

Die Swiss Galloway Society gehört aufgrund ihrer klaren und transparenten Richtlinien- und Organisationsstrukturen zu den bestorganisierten Galloway-Züchtervereinigungen Europas. Ihre strengen aber logischen Zuchtrichtlinien könnten richtungweisend für andere Robustrinder-Rasseverbände sein.

6 Anhang

Glossar

ad libitum: (Futter-)Aufnahme nach Belieben
ARGE: Arbeitsgemeinschaft
Beiried: österr. für Roastbeef, Lende
Bergmähder: extensives Grünland in Hochlagen
Blue-Grey: engl. blau-grau, Name einer Gebrauchskreuzung
Bos primigenius: europäisches Urrind
brachycer: von Bos brachyceros, strittige Urrindform
BSE: Bovine spongiforme Enzephalopathie, „Rinderwahnsinn"
cattle: engl. Rind, Vieh
cross compliance: engl. „Einhaltung anderweitiger Verpflichtungen", Voraussetzung für die Beanspruchung von EU-Förderungen
Denaturierung: Abnahme der natürlichen Eigenschaften
Domestikation: Umzüchtung wilder Tiere zu Haustieren
Einsteller: Einjähriges Jungrind für die Weitermast
Embryo-Transfer: Verpflanzung lebender Embryonen
F1-Generation: erste Generation einer Kreuzung
fieldsman: engl. Außendienstorgan der HCS
feedlot: amerik. Mastanlage für Rinder
Fettabdeckung: äußere Fettschicht am Schlachtkörper
fold: engl. Herde
führig: am Halfter führbar
Grenzertragsböden: Flächen, auf denen sich Landwirtschaft nicht rentiert
GVE: Großvieheinheit, entspricht 500 kg Lebendgewicht
HCS: Highland Cattle Society, Schottland
Heritabilität: Maß für die Erblichkeit von Eigenschaften
Heterosis-Effekt: besondere Vitalität und Leistungsfähigkeit von Kreuzungen
Highland Cattle: engl. Hochlandrind
Hüferl: österr. für Hüfte, Keule

Hutweide: minderwertiges Grünland
Hybriden: Kreuzung v. Inzuchtlinien
Kalbin: österr. für Färse
Kolostralmilch: erste Milch nach dem Abkalben
Limousin: französische Fleischrinderrasse
low input: engl. niedriger Aufwand
lowland: engl. Flachland, Tiefland
Lungenbraten: österr. für Filet, Lende
morphologisch: nach der äußeren Form, Gestaltung
Neolithikum: Jungsteinzeit
ÖPUL: Österreichisches Programm zur Förderung einer umweltgerechten, extensiven Landwirtschaft
Population: Bevölkerung, Gesamtheit einer Art oder Rasse
primigen: von Bos primigenius, europäisches Urrind
Raufutter: Gras, Heu, Silage
Rohfaser: unverdaulicher Anteil des Futters
Rostbraten: österr. für Hochrippe
Silage: Gärfutter
Sorghum: Mohrenhirse
Spurenelemente: in geringen Mengen notwendige Nährstoffe
Styriabeef: Markenfleisch aus Gebrauchskreuzung
Suhlen: im Staub oder Schlamm baden
Trockensubstanz: Stoff, Substanz ohne Wasseranteil
UK: engl. United Kingdom, England, Schottland, Nordirland
Wamme: Hautfalte (Fettgewebe) an der Brust des Rindes
Widerrist: erhöhter Übergang vom Hals zum Rücken
Zwischenkalbezeit (ZKZ): Zeitraum zwischen zwei Abkalbungen

Literatur

Elmadfa, Ibrahim; Aign, Waltraute; Muskat, Erich: Die große Gräfe und Unzer Nährwerttabelle, Gräfe und Unzer, München, 2005
Fürst, Christian; Fürst-Waltl, Birgit: Zuchtwertschätzung für Fleischrinder. ZuchtData EDV-Dienstleistungs G.m.b.H., Wien, 2007
Galler, Josef: Dauergrünland – Erhaltung und Verbesserung unter unterschiedlichen Bedingungen, Kammer für Land- und Forstwirtschaft, Salzburg, 2006
Grabner, Rudolf (Redaktion): Alternativen im Grünland. Ländliches Fortbildungsinst., Graz, 2004
Grubbe, Ole: Galloway, Faszination einer Rasse. Eigenverlag, Cloppenburg, 2004
Hessisches Dienstleistungszentrum für Landwirtschaft: Ökologische Mutterkuhhaltung. Eigenpublikation, Wiesbaden, 2000
Much, Günther: ABC der Tierkrankheiten. Leopold Stocker Verlag, Graz, 1988
Müller, Wolfgang: Programme – Richtlinien – Regulative. Publikation der ARGE Hochlandrind, Rohrau, 1995
Müller, Wolfgang: Tierbeurteilung, Highland Cattle. Publikation der ARGE Hochlandrind, Rohrau, 1995
Müller, Wolfgang: Zehn Jahre Hochlandrinderzucht in Österreich. Der Zottl, Vereinblatt für den Highlandzüchter, Rohrau, 1/1995
ÖKL-Merkblatt Nr. 76: Anforderungen an Freilandhaltung für Rinder. Eigenpublikation, Wien, 2004
ÖKL-Merkblatt Nr. 78: Fressplatzgestaltung im Laufstall. Eigenpublikation, Wien, 2005
ÖKL-Merkblatt Nr. 80: Trinkwasserversorgung für Rinder. Eigenpublikation, Wien, 2006

Österreichisches Kuratorium für Landtechnik und Landentwicklung: Stallbau für die Biotierhaltung. Eigenpublikation, Wien, 2006
Paller, Franz (Redaktion): Mutterkuhhaltung. Bundesministerium für Land- und Forstwirtschaft, Beratungsstelle, Wien, 1990
The Highland Cattle Society: Hochlandrinder, robust, wirtschaftlich, gewinnbringend. Eigenpublikation, Thornhill/Dumfries UK, 1975

Internet

Züchtervereinigungen

Arbeitsgemeinschaft österreichischer Hochlandrinderzüchter: www.highlandbeef.at
Magazin der ARGE Hochlandrind: www.derzottl.at
Verband deutscher Highland Cattle Züchter und Halter: www.highland.de
The Highland Cattle Society (Swiss Section): www.highlandcattle.ch
Bundesverband deutscher Gallowayzüchter: www.galloway-deutschland.de
Swiss Galloway Society: www.galloway-swiss.ch

Produktsuche

Unabhängige Vermittlungsstelle zwischen Konsumenten und Produzenten:
Österreich: www.rindfleisch.at
Schweiz: www.rindfleisch.ch

Allgemeine Informationen

Höhere Bundeslehr- und Forschungsanstalt Raumberg-Gumpenstein: www.raumberg-gumpenstein.at
Zentrale Arbeitsgemeinschaft österreichischer Rinderzüchter (ZAR): www.zar.at
EDV-Dienstleistungs GmbH der ZAR: www.zuchtdata.at
Landwirtschaftskammer Österreich: www.agrar-net.at
Österreichischer Agrarverlag, Wien: www.agrarverlag.at
Biobäuerinnen und Biobauern Österreichs: www.bioaustria.at
Arbeitsgemeinschaft österreichischer Fleischrinderzüchter: www.fleischrinder.at
Österreichischer Freilandverband: www.freiland.at
Wissenschaftszentrum Weihenstephan für Ernährung, Landnutzung und Umwelt: www.wzw.tum.de
Bioland ökologischer Landbau (Anbauverband): www.bioland.de
Eidgenössische Forschungsanstalt für Agrarökologie und Landbau, Reckenholz, Zürich: www.reckenholz.ch
Bio Suiss, Dachverband für Biolandbau: www.biosuiss.ch

Bildquellen

Umschlag: Friedrich Hardegg
Inhalt: alle Friedrich Hardegg außer:
Thomas Apolt: S. 56
ARGE Hochlandrind: S. 66, 71, 73
Rigobert Czerny: S. 16
Luise Hardegg: S. 7
Manfred Horvath: S. 61
Bernhard Michal (NÖ LK): S. 20, 81
Gabriele Moser: S. 51, 59
Sabina Moser: S. 74
Wolfgang Müller: S. 32, 37, 63, 82
Christoph Sigrist: S. 52

Erklärung im Sinne des Gleichheitsgrundsatzes

Wir sind aus Gründen der Sprachkultur nicht bereit, dem Gleichheitsgrundsatz mit Wortgebilden wie ZüchterInnen, LandwirtInnen, KonsumentInnen usw. zu entsprechen. Jedoch beispielsweise jeweils Naturliebhaberinnen und Naturliebhaber zu schreiben, stellt unnötigen Ballast dar. Wir versichern daher unseren Leserinnen und Lesern, dass stets Vertreter beider Geschlechter gemeint sind, auch wenn nur eines angeführt ist.

Die Autoren

Impressum

© 2007 Österreichischer Agrarverlag
Druck- und Verlagsges.m.b.H. Nfg. KG,
Sturzgasse 1A, A-1141 Wien,
www.avbuch.at
Nachdruck 2015

Die Deutsche Nationalbibliothek – CIP-Einheitsaufnahme

Die Deutsche Nationalbibliothek verzeichnet diese Publikation in der Deutschen Nationalbibliografie; detaillierte bibliografische Daten sind im Internet über http://dnb.ddb.de abrufbar.

Das Werk ist einschließlich aller seiner Teile urheberrechtlich geschützt. Jede Verwertung außerhalb der engen Grenzen des Urheberrechtsgesetzes ist ohne Zustimmung des Verlages unzulässig und strafbar. Das gilt insbesondere für Vervielfältigungen, Übersetzungen, Mikroverfilmungen und die Einspeicherung und Verarbeitung in elektronischen Systemen.

Für die Richtigkeit der Angaben wird trotz sorgfältiger Recherche keine Haftung übernommen.

Projektleitung und Lektorat: Brigitte Millan-Ruiz, avBUCH
Umschlag & Layout: Ravenstein + Partner, Verden
Satz und Bildreproduktion: Hantsch & Jesch PrePress Services OG, 1230 Wien
Illustrationen: Local Communication Design, www.local.cd
Druck und Bindung: Graspo CZ, a.s.,Tschechische Republik
Printed in Czech Republic

ISBN: 978-3-8404-8304-2

Ing. Norbert PAYER
A-6820 Frastanz, Gasella 1
Tel: +43 (0) 5522 / 54224
Fax: +43 (0) 5522 / 54226
e-mail: payer.nor@aon.at

Die natürliche **Fleischreifung und Lagerung** mit dem **BAFRI-System** schafft höchste Fleischqualität in der Farbe im Geschmack und der Zartheit.

Informieren Sie sich über Details!

SCHEICKL
Agrartechnik GmbH

Futterraufen, Kraftfutterautomaten, Weidetore, Stalleinrichtungen, Mobile Zaunelemente (Panele), Fang- Behandlungs- und Wiegeanlagen, Tränketechnik und Wassertanks, Elektrozäune und Zubehör, Kälberiglus und vieles mehr ....

Tränketechnik

Futterraufen, in verschiedenen Ausführungen und Größen

Wassertanks, 400 l bis 5.000 l

Weidetränke, 500 l mit Schwimmer

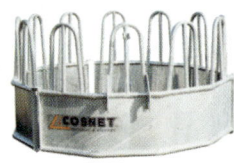
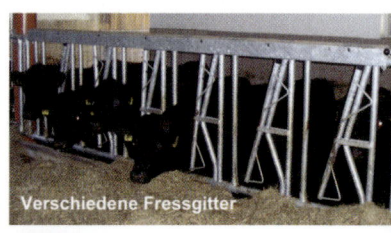

Verschiedene Fressgitter

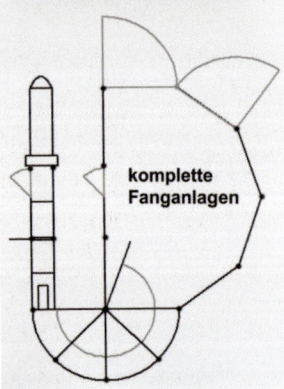

komplette Fanganlagen

verschiedenste Fang-, Behandlungs- und Wiegestände

Abtrennungen in versch. Ausführungen und Längen, für Innen sowie Außen

Panele, mit und ohne Tor

Eletronische Wiegeeinheiten

Weidetore, ausziehbar

Auch als langjähriger aktiver Züchter einer extensiven Rinderrasse geben wir gerne unsere Erfahrungen im Herdenmangement an Sie weiter.
Wir beraten Sie gerne!   Fordern Sie unseren Katalog an!

Fa. SCHEICKL Agrartechnik GmbH; Roseggerstr. 128; A- 8670 Krieglach
Tel.: +43 / 3855 / 45470; Mobil: +43 / 664 / 451 4484; Fax. : +43 / 3855 / 454705 ; Email: office@scheickl.at

ALLES FÜR DIE RINDERHALTUNG!

aus Europas umfangreichsten Programm für landwirtschaftliche Artikel

Die ganze Welt der Landwirtschaft -
im über 500 Seiten starken FAIE Katalog!

Jetzt Gratis FAIE Katalog anfordern!

- ✔ Weidezaunprogramm
- ✔ Huf- & Klauenpflege
- ✔ Enthornungsgeräte
- ✔ Alles für Geburtshilfe
- ✔ Tränkebecken, Nuckel
- ✔ Gummimatten
- ✔ Schermaschinen
- ✔ Futtertröge, Heuraufen
- ✔ Viehstriegel, Bürsten
- ✔ Anbindungen, Stricke

Tel.: 07672/716-0
Fax: 07672/716-34
Tel. aus BRD: 01801/716000
Fax aus BRD: 01801/716001
A-4840 Vöcklabruck, Telefunkenstraße 11

Online bestellen
www.faie.eu
über 20.000 Artikel online

SICHERHEIT FÜR JEDE HERDENGRÖSSE!

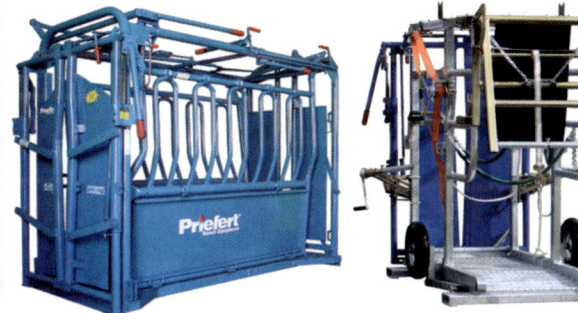

Squeeze Chute S04　　　Klauenpflegestand Snap Top　　　Behandlungsstand RB06

Corralanlagen

Windpassing 2 · 4203 Altenberg
Tel. 072 30/73 91-0 · Fax 73 91-15
www.bayernstall.at

Vertriebspartner von

WWW.TEXAS-TRADING.DE

Echt stark!

Das PATURA Gesamtprogramm

P8000 MaxiPuls
WEIDEZAUN-GERÄT / ELECTRIFICATEUR / ENERGIZER / SCHRIKDRAADAPPARAAT
230V

MaxiPuls - Technologie
die neue Leistungsdimension

„Das stärkste Gerät im Test"

dlz Ausgabe: 3/2009

3 in 1: Fernbedienung + Voltmeter + Amperemeter

Tränketechnik

Fütterungstechnik

Stalleinrichtungen

Gesamtkatalog 2010

Fanganlagen

Wiegetechnik

Windschutzsysteme

Jetzt GRATIS
Katalog (380 Seiten) anfordern!

patura

PATURA KG • D - 63925 Laudenbach
Tel. 00499372 / 94740 • Fax 947429 • www.patura.com